JN289490

Web文章上達ハンドブック

良いテキストを書くための30ヵ条

森屋義男

日本エディタースクール出版部

はじめに

伝えたいこと,ありますか？

　すべての表現は,さまざまなメディアを通して他者にメッセージを送る行為にほかなりません.

　新聞,書籍,ラジオ,テレビ,インターネットといったメディアは,その中身となるニュース,小説,絵画,写真,音楽,映画といったコンテンツを送るための手段です.コンテンツとは人から人へのメッセージの一形態であり,つまりはコミュニケーションそのものです.

　1人対1人のコミュニケーションの場合は,「直接対面で話す」「電話で話す」「手紙（電子メール）を送る」といった手段が用いられますが,メディアの登場によって1人対多数のコミュニケーションが可能になりました.

　新聞からインターネットへとメディアが進化するにつれ,伝達できる内容は文字だけの時代から写真,音声,動画とリッチになり,また一方通行から双方向のやりとりが可能になってきました.人と人がより密接に,高次にコミュニケーションを行いたいという願望がメディアの発達の推進力となっていることは言うまでもないでしょう.

　しかし現在,メディアはあまりに巨大になり,その根本にある「人と人とのコミュニケーション」を不透明にしてきた面も

否めません．あまりに膨大な情報の渦の中で，伝えたいこと，そして伝えるべき相手が見えにくくなってきているのかもしれません．皆さんの周りでも，「せっかくWebサイトを作ったのだから，とりあえず何か入れておこう」といった本末転倒の発想で作られたコンテンツを見かけたことはありませんか？

　本書は「Web制作のための実践的文章セミナー」をテーマに，読者の皆さんが日々作成しているWebコンテンツの文章をより良くしていくための方法をお伝えしていきます．その根本にあるのは人と人とのコミュニケーションだということを心に留めておいてください．Webサイトの閲覧者にメッセージを伝えるとき，あなた自身に伝えたい気持ちがなければ閲覧者には届きません．

　基本的な文章テクニックを学べば，きれいな日本語は書けるようになります．しかしそれはあくまで包装紙の話であって，閲覧者は包装紙ではなく，その中身を受け取りたいのです．例えばあなたが海外旅行で体験した珍しい出来事を誰かに話したいと思う気持ち．良い文章にはまず，その気持ちが必要不可欠なのです．

　本書には，SEM，SEO，HTML，CSSといったネット用語は出てきません．Webサイトの文章を向上させるにはどうしたらよいのか，そこにテーマを絞った実践的文章講座だからです．

　Web制作者は，ディレクターの側面，ライターの側面，エディターの側面といった3つの要素を持っていなければならない

職業だと思います．本書でもディレクター，ライター，エディターの3つのサイドに分けて記述していきますが，実際の現場ではそのように分業化が確立されているわけでもありません．基本的には1人の人間の3つの側面というふうに捉えていただきたいと思います．

　第1章以降で具体的な実践講座を語っていきますが，皆さんが迷ったら，ぜひこの「はじめに」の1行目に戻ってきてください．

　本書が読者の皆さんの仕事を向上させる一助となれば幸いです．

森屋義男[プロフィール]

　フリーランスの編集者として講談社，音楽之友社を経て，1985年ソフトバンク入社．以降は編集長として各種IT系雑誌出版に携わる．2003年独立，カラーズ（有）に出版事業部Super Worksを立ち上げる（http://superworks.jp/）．日本エディタースクール講師．

　主な仕事：「The COMPUTER」，「月刊PC」，「Macworld」，「Graphics World」（以上雑誌）．書籍は『田原総一朗のパソコンウォーズ』，『デジカメ・スタイル』，『パソコン温故知新』，『パソコン絵画入門』など多数．

　インターネットの前夜，パソコン通信の時代からネットワークを利用してきました．DOSの画面からコマンドを打ち込んで，1,200 bpsのモデムでピーガーというネゴシエーションの音の後，ホストコンピュータからログインIDを求められる表示が出たときの嬉しさは今も忘れません．

Web文章上達ハンドブック
良いテキストを書くための30ヵ条

目次

【はじめに】―――――――――――――――――i
伝えたいこと，ありますか？

第①章
Web文章のあり方
（ディレクターサイド）

Webディレクターの10ヵ条 ―――― 2

[1] Webサイトの現状と問題点 ―――― 4
- ▶ はじまりは1995年……4
- ▶ 静的コンテンツの問題点……4
- ▶ 企業サイトは公的メディア……6
- ▶ 良いコンテンツと悪いコンテンツ……6

[2] 紙とWebを比較する ─────── 8
- ▶ 歴史による紙とWebの作り手の違い……8
- ▶ メディア特性による立脚点の違い……9
- ▶ Web的テキストのあり方……10

[3] 静的コンテンツ制作の心構え ─────── 12
- ▶ Webディレクターの役割と限界……12
- ▶ 必要なのは「ノウハウ」と「自信」……13
- ▶ あなた自身も情報の一部……14
- ▶ 情報は生では食べられない……15
- ▶ 情報はサイトのコンセプトに合わせて取捨選択……16
- ▶ 閲覧者（読者）ニーズを的確に捉える……17
- ▶ モチベイト, イノベイト, プロフィット……18

[4] ワークフローを確立する ─────── 20
- ▶ 文章コンテンツのワークフロー……20
- ▶ 内容のジャッジは1人で……21
- ▶ 「1」を「100」にする……22

[5] 原稿依頼の方法 ─────── 24
- ▶ 筆者選びでコンテンツの出来が決まる……24
- ▶ 原稿依頼書が肝心……25
- ▶ 上がってきた原稿が面白くない場合……27

第②章
Web文章の書き方
（ライターサイド）

ライターの10ヵ条 ———————————— 30

[1] 原稿を書く前に ———————————— 32
- ▶ 読者をリアルにイメージする……32
- ▶ ネタと結論を明確に……33
- ▶ 「良いもの」を掲載する……33
- ▶ 最初のつかみが大切……34
- ▶ ニュースは重要なことから順に書く……35
- ▶ データで文章の信頼性アップ……36
- ▶ 好きなテーマでも客観的に……37
- ▶ 記憶や思い込みは危険！……38
- ▶ 憶測で書いてはいけない……39
- ▶ 難解な表現は知的水準が低い？……40

[2] 執筆時の注意点 ———————————— 41
- ▶ 「である調」と「ですます調」……41
- ▶ 日本語（漢字）と外来語のバランス……42
- ▶ 句読点の上手なつけ方……42
- ▶ 漢字の同音異義語に要注意……44

- ▶ 段落は最大10行を目安に……44
- ▶ 人名, 地名, 電話番号, 固有名詞を正確に……45
- ▶ 「ら抜き表現」と「い抜き表現」……46
- ▶ 接続詞は使わない……46
- ▶ 指示代名詞は使わない……48
- ▶ 著作権と引用……48
- ▶ 専門用語には解説を……51
- ▶ 推敲して仕上げる……52

[3] 取材, インタビューのしかた ── 54
- ▶ アンケートに終わらない……55
- ▶ 取材対象者を事前に調べる……57
- ▶ インタビューがうまくまとまらない……58

第③章
Web文章のまとめ方
（エディターサイド）

エディターの10ヵ条 ── 62

[1] 原稿はあくまで素材 ── 64
- ▶ 掲載責任を忘れずに……64
- ▶ 素材を料理して商品に仕立てる……65

[2] 原稿整理 — 66
- ▶ エディターは一番目の読者……66
- ▶ 原稿依頼書と照合する……67
- ▶ 意味的なチェック……67
- ▶ 用字用語の統一……68
- ▶ 「てにをは」のチェック……69
- ▶ 文章の流れ……69
- ▶ 意味不明点は残さない……71
- ▶ 繰り返し表現に注意……72
- ▶ 流行語は使い方しだい……73
- ▶ 単調にならない語彙を……73

[3] タイトル, リード, 小見出し — 75
- ▶ 「おっ」と思わせるタイトルを……75
- ▶ サブタイトルとリードの役割……77
- ▶ 見出しは連続性も意識……77

[4] デザインを依頼する前に — 79
- ▶ 原稿の文字量を計る……80
- ▶ 写真やイラストも用意……80
- ▶ 写真にはキャプションを……81
- ▶ 文章に最適なデザインを考える……81

[5] 校正は「商品」を送り出す仕上げの工程 —— 83

- ▶ 校正には「文字」と「意味」の両面がある……84
- ▶ ビジュアルもしっかり確認……85
- ▶ 校正は複数人で……85
- ▶ 校正の流れ……86
- ▶ 校正の実例（基本的な校正記号）……87

第④章
文例集

- ▶ 原稿依頼書のパターン例（メール送付の場合）……92
- ▶ 製品紹介における文章パターン例……95
- ▶ ニュース記事における文章パターン例……97
- ▶ ショップ紹介における文章パターン例……99

【さいごに】————————101
Webコンテンツから発信しよう

第①章

Web文章のあり方
(ディレクターサイド)

ディレクターはWebコンテンツの責任者.
どんなコンテンツもディレクターの判断で制作がスタートし,
ディレクターが最終的なジャッジを下します.
良い文章は,ディレクターの企画力,
判断力がその鍵を握っているわけです.
良い文章には,まず良い「ネタ」を!

Webディレクターの10ヵ条

①ディレクター自身も情報の一部

②情報は生では食べられない

③情報はサイトのコンセプトに合わせて取捨選択

④読者ニーズの理解がすべて

⑤モチベイト,イノベイト,プロフィット

⑥内容のジャッジは1人で行うべし

⑦「1」を「100」にする

⑧コンテンツの出来不出来は筆者選びで決まる

⑨原稿依頼書が肝心

⑩面白くない原稿は捨てる勇気を

文章はライター1人の産物ではありません．Webディレクター（エディター）とライターの協同作業の賜物です．ディレクター，ライター，エディターの三者の視点で磨かれることによって，はじめて素晴らしい文章が誕生するのです．
・ディレクターはプリプロダクション
・ライターはプロダクション
・エディターはポストプロダクション
と言い換えることもできるでしょう．

　したがってWebコンテンツにおける文章のクオリティアップは，ライター向けのテクニック講座だけでは十分ではありません．本書ではディレクター，ライター，エディターそれぞれの立場から，どうすれば文章のクオリティアップが果たせるのかを考えていきます．実際はディレクターがエディターを兼務しているのが現状で，さらにライティングも兼ねて1人でコンテンツをまとめ上げる場合も少なくないと思います．そういう状況の人でも，自分の中に各工程ごとの3つの視点を持って文章に接していただきたいと思います．

　まずはディレクターの視点で，文章を書く上での前提を探っていきましょう．

1
Webサイトの現状と問題点

はじまりは1995年

インターネットの歴史は，学術的に利用されてきた時代まで遡ることができますが，一般社会にその有用性が認められたのは1990年を過ぎてからです．ちょうどパーソナルコンピュータがDOSの時代に終止符を打ち，GUIを持ったMacintoshが台頭し，マイクロソフトからWindowsが登場した頃です．そしてインターネットが爆発的に普及を始めたのは1995年，マイクロソフトのWindows 95のリリースが契機となったといってよいでしょう．一般の人々がインターネットを利用しはじめてから，10年ほどの時間しか経過していないのです．

まだまだ若いメディアであるインターネットは，その普及期においてネットワークの専門家やエンジニア，プログラマーが育ててきました．Webはいわば技術先行型のメディアであって，次々に登場する新技術によって器が作られ，その中身であるコンテンツは後からついてきました．エンジニア系の人が畑を耕し，クリエイター系の人が種を蒔いてきたわけです．

静的コンテンツの問題点

Webサイトは，コンテンツの視点から大きく以下の3つに分けることができます．

1．主に文章や写真などで構成されている，新聞や雑誌に近い「静的コンテンツ」
2．検索サイトやBBS，ブログ（Blog），チャットのように，ユーザーのリクエストに応じてコンテンツを生成する「動的コンテンツ」
3．映画や音楽を配信する「ストリーミング系コンテンツ」

　本書では上記の1に該当する，読み物を中心に構成されたWebサイトの制作に携わる人たちを対象とします．
　誰もが簡単に情報を発信できるのがインターネットの最大のメリットですが，それは同時に発信者の表現能力やスキルがそのままWebサイトに反映されることを意味します．実際「静的コンテンツ」においては，紙メディアに比べて品質の安定しないコンテンツが目立つ状況を招いているわけです．
　従来，紙媒体や放送（テレビやラジオ）などメディアに携わる人たちは，発信者としてのトレーニングを経た上で情報を発信しています．ところがインターネットでは，その気になれば誰もがすぐに情報の発信を行うことができます．しかもサーバーにアップしたコンテンツは世界中のすべての人に閲覧される可能性があります．
　インターネットの魅力がそのままインターネット上のコンテンツの欠点となっているわけです．

※ここでは趣味のページなどをアップしているアマチュアの個人サイトは，それがどんなクオリティであれ，良しとします．個人の楽しみに第三者がクオリティを求めるのは野暮というものです．

企業サイトは公的メディア

　Webサイトは玉石混淆です．ネット上には紙や放送といった他のメディアより「速報性」「専門性」に優れた価値ある情報が多い反面，閲覧に耐えないコンテンツの存在も否定できません．

　本書で取り上げていきたいのは，企業の看板を背負ったWebページにおける質的向上です．企業は自ずと社会的責任を負っている存在です．Webページにおいても公的メディアとして最低限の表現レベルが求められているのです．Webページを通じてその企業の概要を知ろうとする人にとっては，Webページのクオリティや信頼性がそのままその企業のイメージや信頼性につながっているのです．

　企業サイトの制作は，社内の担当者もしくはその仕事を請け負うWeb制作会社が手掛けるケースが多いと思いますが，制作を担当されている皆さんの社会的責任は今後さらに重くなってくることは間違いありません．

良いコンテンツと悪いコンテンツ

　良いコンテンツ，悪いコンテンツとは，いったいどのように判断すればよいのでしょうか．どのような視点で評価すればよ

いのか，少し分析してみましょう．

Webサイトの評価ポイントには，デザイン，写真，構造といったさまざまなファクターがありますが，ここでは文章のみで判断します．

○良いコンテンツ
「価値ある情報」を「生きた文章」で表す
△もったいないコンテンツ
「価値ある情報」を「ダメな文章」で表す
×意味のないコンテンツ
「価値ない情報」と「生きた（ダメな）文章」

　良い文章は情報そのものに価値があります．つまり素材が良いのです．良い素材（ネタ）を広く伝えること，これがWebサイトのメッセージとなるわけです．
「生きた文章」,「ダメな文章」というのは表現テクニックの問題ですが，いくら文章表現に長けていても素材がダメならすべてダメ，というわけです．そういう点では料理を作るのとまったく一緒です．
　素材を選ぶには確かな目が必要です．素材自体にあなたに文章を書かせたくなるような力がなければいけません．文章のクオリティアップとは，推敲や校正といった後工程の話だけではなく，素材選びから始まっていることを肝に銘じていただきたいと思います．

2

紙とWebを比較する

歴史による紙とWebの作り手の違い

　書籍・雑誌と「静的なWebコンテンツ」は，どこが異なるのでしょうか．

　紙メディアを制作する場合，まず文章があって，それを補完する形で写真やイラストなどのビジュアル要素があり，それらをデザイン処理してページとして構成していきます．これらのコンテンツの構成要素はWebも同じです．ではどこに紙とWebの違いがあるのかを改めて考えてみます．

　15世紀のグーテンベルグによる活版印刷機の発明以来，長い歴史を持つ紙による複製メディアと，商用インターネットの歴史では，比較すること自体ナンセンスです．新しいメディアがどうしたって技術先行型になってしまうのはやむを得ないことです．それはおそらくグーテンベルグの時代もそうだったと思います．当時の技術者たちもああでもないこうでもないと言いながら，よりきれいな印刷にトライしてきたのでしょう．当初は聖書を印刷することが印刷機の主な目的だったようですが，やがて小説家やジャーナリストなどさまざまな表現者が印刷機の有用性に気づき，印刷技術を利用してさまざまな表現を世に

問うことになっていったわけです．

　インターネットも新しいメディアの例に違わず，技術系の人たちがリードして耕してきましたから，今まではクリエイター系の人材が少なかったのは事実です．ただしライターをはじめとして，出版の世界からWebの世界へ人材の移動はすでに始まっています．

　筆者の身近な例でも，筆者を含め多くのライターがWebサイトからの原稿依頼を受けるようになってきました．ライターの次はエディターがWebの世界に入ってくることが期待されます．

メディア特性による立脚点の違い

　インターネットによる音楽や映画の配信はもはや当たり前になってきました．当たり前ということはビジネスベースに乗っているという意味です．iTunes Music Storeやビデオオンデマンドを利用している人も少なくありません．自宅にいながらにして，音楽や映画を1タイトル数百円というリーズナブルな価格で楽しめるのですから，これは便利です．CDの売り上げが落ちている背景にインターネットの成長があり，その因果関係は否定できません．さらにファイル共有ツールによる不正コピー問題などもあり，音楽や映画などメディアリッチなデジタルコンテンツがインターネットを流通経路とすることは今後ますます盛んになっていくでしょう．

　一方で静的コンテンツは，なかなか課金対象となり得ていな

いのが現状です．文字情報も音楽や映画と同じコンテンツであるにもかかわらず，ユーザーはお金を払ってくれない．これは音楽や映画とは異なる「文章（テキスト）」の特性によるものではないでしょうか？

Web的テキストのあり方

「Web的」とは，2ちゃんねるやmixi，ブログなどに代表されると思います．これは何かというと，カラオケボックスやフリーコンサートと同じ構造といえるでしょう．インターネットではステージに立ちたければ誰でもステージに上がれます．誰でもステージに立てるということは，本当にいろいろな価値観が存在するということで，一般社会となんら変わらない構造になります．一昔前，「Webはバーチャルワールド」などという表現もありましたが，インターネットはまさにバーチャルな日常だと思います．

一方で「紙メディア的」とは何かと考えると，例えばクラシックやロックのコンサートのようなものです．そこは特別なステージであり，選ばれた人だけがそこに立てるのです．そしてそのパフォーマンスにお金を払ってくれる観客がいる．これは言い換えると，非日常というわけです．

Webが一般人，アマチュアの世界であるとすれば，紙メディアはプロフェッショナルな世界ということができると思います．

課金を前提に考えるのであれば，そこにはプロの仕事が必要

です．プロクオリティのコンテンツがWebのあり方を変えていくのではないでしょうか．

　もちろん「インターネットのテキスト情報はタダ」という一般的認識はそう簡単には覆せないでしょうが，『電車男』や一連の「ブログ本」のようにインターネットのテキストを書籍化するケースも増えてきています．このようにWebサイトとは別の形態にすることで課金することは可能です．そのためにも，最初の段階で文章のクオリティアップを行うことは非常に重要です．

3

静的コンテンツ制作の心構え

Webディレクターの役割と限界

　本来，インターネットのポテンシャル，可能性は「動的コンテンツ」や「ストリーミング」にあるといってよいでしょう．今やネット上では世界中の人と文字によるコミュニケーションが気軽に行え，電話やビデオチャットも可能，そして音楽や映画も楽しめる時代です．従来の通信や放送が受け持っていたメディア特性さえ飲み込んでしまう懐の深さこそインターネットの醍醐味です．

　一方「静的コンテンツ」は，技術的にはHTMLベースで十分であり，インターネットの黎明期の段階で完成しています．2000年以降，インターネットがPCのパフォーマンスの飛躍的な向上によって，本格的に通信や放送の分野のコンテンツを取り込み始めたとすれば，「静的コンテンツ」はインターネットの普及初期からすでに新聞や雑誌，書籍といった紙メディアを飲み込んできているのです．実際，出版不況が叫ばれて久しいですが，その理由の1つには間違いなくインターネットの存在があるでしょう．

　「静的コンテンツ」は，器としては紙メディアに代わる機能を

果たし始めているものの，その中身，コンテンツそのものは，まだまだ紙メディアに一日の長があるようです．

それは本書の主題に関わる部分でもあるのですが，Web制作に関わる人々と紙メディアに関わる人々が十分に交流していないことに要因があると思います．紙メディアで培われたコンテンツ制作のノウハウが，Web制作には十分に生かされていないといってよいでしょう．

Webサイトの全体的なディレクションは，Webディレクターが責任を負うことが一般的です．Webディレクターはデザインからサイトの構造まで細やかなチェックを行いますが，文章のクオリティは，ライターの力量に依存する場合が多いように見受けられます．Web制作の現場では「エディター」のいる場所がないのです．主に予算的な問題からディレクターがエディター的機能も担ってしまい，システム的に文章のクオリティの追求が難しい制作現場が多いのが実情です．

必要なのは「ノウハウ」と「自信」

前述した一般的なWeb制作現場の実情にもかかわらず，インターネットの閲覧者たちは，紙に代わるメディアとして「静的コンテンツ」に大きな期待を寄せています．「文章のクオリティアップは大きな課題として認識しているが，人的リソースも予算もない……」．そう嘆いているWeb制作者も少なくないと思います．

ではどうすればよいのでしょう？　答えは1つ．

自分自身が文章のプロフェッショナルになればよいのです．

読書が趣味で活字を読むのが苦にならないタイプであれば，皆さんには文章をハンドリングする資質が十分にあります．資質以外に足りないものがあるとすれば「ノウハウ」と「自信」です．

今までの皆さんの状況をたとえれば，自己流の包丁さばきでなんとか店を切り盛りしてきた料理人です．見よう見まねで料理は作れるものの，料理評論家に堂々と食べさせるだけの自信はないといったところでしょうか．経験を積んできた分の力は備わっているので，あとは文章のプロとしての基本を身に付ければよいだけです．

あなた自身も情報の一部

良い文章を書くためには，まず良い素材（情報）探しから始まります．皆さんの琴線に触れた，誰かに伝えたくなる情報．そういった気持ちを持てる情報かどうかが大切です．

例えば皆さんが，仕事などで普段あまり出向かない街に行って，ランチタイムに初めてのカレー店に入ったとします．その店のカレーがとても美味しかった．そうすると他の人にも食べさせたくなって，携帯メールなどで彼氏彼女や友達，家族に「美味しいカレー屋さんを見つけた」と送ります．メールを受

信した人たちは，カレー店の情報と，それを送ったあなたのパーソナリティ，この2つの側面から，本当に美味しいかどうかを判断するわけです．

あなたの味覚が信頼されていれば，メールを受け取った人は「食べたい！」と思うでしょうし，そうでなければ「どうかなあ？」と思うかもしれません．

メディアからの情報発信も同じことで，その送り先が個人的な知り合いではなく不特定多数になるだけです．送り手の信頼性が，情報の価値を左右するわけです．

当たり前の話ですが，たいして美味くないカレー店では情報にはなり得ません．自分が美味しいと感じていないのに美味しいと書くのはウソになります．閲覧者がその情報を信じて食べに行ったらまずかった．そのとき閲覧者は，その店を恨む前にその情報が掲載されていたWebサイトを恨みます．二度とアクセスしてくれることはないでしょう．

情報は生では食べられない

では，「美味しいカレー店」という情報の素材に対して，ディレクターやライター，エディターは何をすればよいのでしょう．ディレクター，ライター，エディターはいわばコンテンツの料理人です．情報（素材）をどのように分かりやすく伝えるか．それぞれの立場で素材の良さをいかに生かすかが役割です．

例えばライターであれば，「ここのカレーの特徴は，インドカレー系ながらマイルドで……」と，その美味しさを具体的に

記述することを心掛けます．エディターはライターの書いた文章のブラッシュアップを行い，同時に店へのアクセスや料金，問い合わせ先などといった周辺情報をチェックします．そしてディレクターはその情報が本当に価値あるものかどうか，そしてライター，エディターがそのカレー店を適切に紹介したコンテンツを作り得たかどうかを最終的にジャッジします．

良い素材を吟味し，調理し，盛り付け，そして味見をする．この一連のワークフローは料理もコンテンツ制作もまったく同じです．

読者は受け身ですから，素材だけ生のままポンと提供しても反応してはくれません．情報を読者にとって最適な形でパッケージングして，読者の読む気を引き出すことが大切です．

情報はサイトのコンセプトに合わせて取捨選択

情報の素材，いわゆるネタは無数にあります．一方でWebページに掲載可能な情報量には限界があります．物理的にすべての情報を掲載するわけにはいかない以上，自ずとそこには取捨選択の判断基準が生じることになります．例えば主婦向けの子育てサイトにゴルフの情報は必要ないと思います．

Web制作者はまずこの判断基準を明確にする必要があります．この基準はサイトのコンセプトそのものでもあるので，個条書きなどで明文化しておくとよいでしょう．

例えば「子育てサイト」であれば，

○通信販売情報
○子供用イベント情報
○絵本の新刊情報
×ゴルフ場情報
×株価情報
×ゴシップ情報

といったように一覧表を設けてもよいでしょう．

　通信販売情報だけでも溢れるくらいの情報がある場合は，さらにそこから取捨選択をしなければいけません．その判断基準は個人差の出るところですが，基本的には読者ニーズから判断しましょう．通信販売業者がA社，B社，C社，D社，E社と5社あった場合，過去のデータやアンケートから，人気の会社を優先していきます．そうすると例えばE社は毎回掲載できないことになってしまいます．そういう場合でもE社の新製品が魅力的なときは読者に試しに紹介してみてもよいでしょう．

　「サイトのコンセプト」「読者ニーズ」「公的メディアとしての公平性」，そして「担当者であるあなたの琴線に触れたもの」．この4つの判断基準を常に意識しつつ，ネタの取捨選択を行っていただきたいと思います．

閲覧者（読者）ニーズを的確に捉える

　Webサイトにはいろいろな種類がありますが，その多くはデパートのような大型店的なスタンスではなく，特定の業種や業

界に特化した専門ショップ的なサイトになると思います．一般的に専門店に求められるのは，深いところでの顧客ニーズの把握と，細やかなコミュニケーションです．情報を発信する立場としては，自分自身も読者の1人としての視点を持って，閲覧者の属性，嗜好を明確に把握することが非常に大切です．

専門分野ほど閲覧者が求めてくる要求は高度になります．そういったニーズに対してピントのズレた情報を提供すると，それだけでそのサイトの評価は確実に落ちます．例えば同じ音楽といっても，ラップのサイトでモダンジャズの情報を提供しても，それは同じ黒人音楽ながらリスナーの層は異なるわけです．

このように「このサイト，ピントがズレてる」と思われては，死活問題になることを肝に銘じてほしいと思います．ですからWeb制作者は自分の担当しているジャンルの関係者，ユーザーであることが望ましいのですが，そうでない人も一度その世界にどっぷり浸かることをお勧めします．「仕事だからやっているけれど，個人的には興味がない」という台詞は，モノを作る人間からはあまり聞きたくないものです．

モチベイト，イノベイト，プロフィット

これはWebディレクターに限らず，コンテンツの制作者すべてに必要な要素です．

「モチベイト」は動機です．「誰かに何かを伝えたい」という気持ちは表現者にとって不可欠です．会社組織を単純化すると，「作る人＝生産系」「売る人＝営業系」「管理する人＝総務系」

に分けられます．工場で働く人から文章を書く人まで，すべてモノ作りに関わる人には「自分で作ったモノで他人に喜んでもらいたい」という根源的なマインドがあると思います．そういったモチベーションがあなたにあるのかどうか，今一度自分自身に問いかけてみてはいかがでしょうか．

「イノベイト」は革新．今までにないものを作ろうと思う気持ちです．すでに流布している情報の焼き直しで満足してはいけません．どんな些細なことであれ，まだ世に出ていない情報の提供を心掛けたいものです．

「プロフィット」は利益．社会人である以上，自分の仕事が会社に利益を与えなければあなたに給料をもらう資格はありません．いくらがんばってもビジネスベースに乗らないということは，多くの読者，閲覧者に支持されていないということの結果です．その事実を真摯に受け止め，次に反映していく姿勢が大切です．

4

ワークフローを確立する

文章コンテンツのワークフロー

　Webに限らず，雑誌，映画などのコンテンツの中でも，質の高い作品はワークフローや制作システムがしっかりと確立されているものです．

　文章制作はパソコンとワープロソフトさえあれば可能なので，映像制作のように高価なハードウェアを必要としませんが，それだけに各スタッフとの連携プレイやコミュニケーションが大切です．

　一般的なWebコンテンツの制作ワークフローは以下のとおりです．

1. 企画立案
2. ライター，カメラマン，デザイナーなど企画に応じたスタッフの組織化
3. 取材および執筆
4. 原稿整理
5. 写真やイラストなどビジュアル素材を用意

6. デザインを行う
7. 校正
8. 校了（完成）
9. サーバーにアップ

　このように1つのコンテンツを完成させるまでには，Webディレクター，ライター，カメラマン，デザイナーなど最低でも4，5人の手を経由することになります．ここで重要になるのが企画イメージの共有です．

　例えば「山」という言葉を受け取った人のイメージは「富士山」「紅葉の山」「エベレスト」「雪山」と千差万別です．まず企画の段階で細部にいたるまで「山」のイメージを煮詰め，各スタッフが誤解のないように共有します．この初期設定にブレがあると，仕上がりはとんでもないものになる可能性があります．

　Webディレクターはすべての工程に関わり，ライターやカメラマンといったスペシャリストたちの仕事の出来をジャッジし，企画段階のイメージに近づけていきます．

内容のジャッジは1人で

　Webディレクターは日常的に大なり小なりの判断が求められ，判断を行うにあたっては，それぞれの局面の状況に通じていなければなりません．常にイエスかノーかを求められる立場なので，自信を持ったジャッジを下さなければ，そのコンテン

ツが腰砕けのものになってしまうのは言うまでもありません．

　逆に言えば，コンテンツ制作においては，事なかれ主義で物事を進めるのはあってはいけないということです．誰もイエスともノーとも判断せず，時の経つままにいつの間にかサイトにアップされていたコンテンツにどんな魅力があるというのでしょうか？

「1」を「100」にする

　Web制作では，Webディレクターといえどもあちこち走り回りながら企画を考え，判断し，記事も書くといった現場がほとんどでしょう．一個人にコンテンツ制作におけるさまざまなスキルを求められるのもWeb制作の特徴だと思います．

　Webディレクターには，まず自分1人でもコンテンツを制作出来るという自信を持っていただきたい．文章を書き，必要に応じて写真も撮影し，それらをレイアウトして，Webサイトにアップする一連の作業が1人で行えるということです．

　自分1人で制作したページの完成度が「1」とすると，まったく同じ企画でもライターやカメラマンなど専門のプロのスタッフたちの協力によって制作したページは「10」にも「100」にもなるのです．

　自分の能力を「1」とみなし，その表現力をもっと拡張する手段としてスペシャリストの力を借りることがコンテンツクリエイトにおける共同作業の基本です．

　そう考えれば，「1」を「100」にするためには自分自身がす

べてをジャッジしなければならない必然性が実感できると思います．

5

原稿依頼の方法

筆者選びでコンテンツの出来が決まる

　次章から文章の書き方をお伝えしていきますが，Web制作では，担当者が自分で原稿を書く以外に，依頼原稿を発注する場合も少なくないと思います．ここでは原稿を発注する際の注意点を述べていきましょう．

　コンテンツの良し悪しは筆者選びで決まるといっても過言ではありません．そして筆者にはアマチュアとプロがいて，コンテンツに合わせた筆者選びが大切です．

　例えば会社のWebサイトで社内の人間に原稿依頼する場合など，筆者は文章のプロではありません．こういったアマチュアの方というのは，情報源そのものなのです．アマチュアの筆者を選ぶ場合は，文章の良し悪しより，情報の鮮度や内容の信頼性を重視するべきでしょう．日本語としてのクオリティアップは後工程でも可能ですが，内容そのものは後工程では修復不能です．ですから，アマチュアに依頼する場合は「オリジナル素材」を受け取るという気持ちが必要です．

　一方プロのライターというのは，幅広い情報を持って，そういった情報を読者により分かりやすく伝えるための翻訳能力に

長けています．そういう意味でプロのライターはオリジナルの情報提供者ではなく，情報の二次加工者なのです．

　文章の苦手な開発者にプロのライターが話を聞いてまとめるというインタビュー形式は，両者の良いところを併せ持った方法として広く浸透しているわけです．

原稿依頼書が肝心

　社内サイトで，「新しい携帯電話」について開発責任者に書いてもらおうと原稿依頼しました．ところが原稿というよりは論文のような堅い原稿が上がってきてしまった．これでは技術者はともかく営業職の人には理解できない．これは依頼の時点に問題があります．あまりにも注文の仕方がアバウトすぎたのです．

　原稿にはいろいろな切り口があります．「新しい携帯電話」をテーマに執筆してもらうにしても，テクノロジー，デザイン，設計，機能，マーケティング……とそれぞれが大きなテーマの切り口が存在します．ですから社内サイトで営業職の人が営業ツールとして参考にする原稿であれば「新しい携帯電話の機能と，そのマーケット戦略について」といった，より具体的な依頼をしなければいけません．

　下記のようなかなり詳細まで仕様を煮詰めた「原稿依頼書」があると便利です．もちろん原稿のタイトル，プロット，小見出しなどは依頼側が考えておく必要があります．

　原稿依頼書は別の言葉でいうと企画書です．筆者とイメージ

を共有するための設計図となりますから，この段階でしっかりしたものを作っておけば後工程でトラブルが少なくなります．

〈原稿依頼書の例〉
・原稿タイトル
・趣旨
・読者ターゲット
・構成（プロット，小見出し）
・文字量
・文体
・図版等の有無
・締め切り
・原稿料

「原稿タイトル」は依頼書の段階では，内容の骨格を押さえたシンプルなものでよいと思います．サイトに掲載する際に，読者の目に留まりやすい言葉でタイトルを付け直せばよいでしょう．

「趣旨」は原稿の位置付けや必要性を執筆者と共有するためのものです．例えば新製品のマーケティングに関する原稿を依頼する場合，その新製品がいかに消費者に期待されていて，またその関連情報を必要とされているかを説き，執筆者の理解を求めるためものです．

「読者ターゲット」は例えば「30代男性，スキーをする人」と

いう風に具体的なイメージを提示したほうが原稿は書きやすいでしょう．

「構成」は「概論で全体の1/4，開発経緯に1/4，マーケティング戦略とまとめに2/4」というように文章の流れを伝えます．あまり詳細に伝えすぎると執筆者は不自由さを感じてしまうので，打ち合わせ時に決めていく方法がよいでしょう．

「文字量」は「3,000字」もしくは「30字詰め100行」という風に伝えます．

「文体」は「である調」か「ですます調」かの区別です．

「図版等の有無」は筆者に必要に応じて用意してもらいます．

「締め切り」は原稿を受け取ってからデザインアップまでの後処理時間を考慮し，余裕を持って判断していきます．初めて依頼する筆者や遅筆の筆者には締め切りを多少早めに伝えたほうが良いでしょう．

「原稿料」はケースバイケースです．依頼相手がアマチュアでもプロでも格差はつけないほうがよいでしょう．また相場や予算を踏まえてあらかじめ規定料金を設定しておいたほうが金銭トラブルは生じにくいと思います．

上がってきた原稿が面白くない場合

上がってきた原稿が面白くない場合は，筆者に書き直しをお願いする必要があります．社内依頼で難しいのは，書き直しをお願いする場合の人間関係にあると思います．特に相手が上司の場合などは気を使います．とはいってもWeb担当者が最初の

読者なのです．最初の読者として面白いかどうかはシビアに判断しなければいけません．「あまり面白くないけど，もう受け取ったし，このまま載せてしまおう」と考えるのは，皆さん自身が仕事を放棄しているにほかなりません．

　面白くない原稿はあっさりボツにしていきましょう．これは読者のためであり，ひいてはWebのためです．特に社内発注の場合，人間関係にヒビが入る可能性がありますが，そうならないようにするにはどうすればいいかというと，皆さんがWebディレクターとしてのプライドを自覚し，たとえ社長の原稿であっても面白くなければボツにできる，そういったある種の特権階級的な立場であることを広く認識してもらう必要があると思います．

第 ② 章

Web文章の書き方
(ライターサイド)

第2章ではライターの視点で
文章を書く上でのポイントをお伝えしていきます．
ディレクターやエディターはライターが書いた文章を評価，
補完する立場であり，文章の基本的なクオリティは
ライターの力量によるところが大きいのです．
ここでは文章を書く上での
基本的なテクニックをお伝えしていきます．

ライターの10ヵ条

①読者をリアルにイメージする

②ネタと結論を明確に

③最初のつかみが大切

④ニュースは重要なことから順に書く

⑤データで文章の信頼性アップ

⑥好きなテーマでも客観的に

⑦記憶や思い込みは危険！

⑧難解な表現は知的水準が低い？

⑨取材はアンケートに終わらせない

⑩締め切り

ライターはWebディレクターからの依頼を受けて文章を書きます．原稿依頼書から求められている内容を理解し，文章化していきます．そこにはあなたにしか実現できない「文章表現」があるはずです．

1

原稿を書く前に

読者をリアルにイメージする

　原稿を書くときは，その原稿を誰に向けて書いているのか，必ず読者をイメージしなければいけません．「万人向け」という言葉がありますが，それは誰に向けたものでもないと理解してください．

　原稿を書く上では，サイトのコンセプトに適応した読者モデルをイメージすることが大切です．女性向けのサイトであれば「20代後半の未婚の女性．平均以上の年収があり年に1，2回はヨーロッパ旅行をする」という風に読者モデルを想定し，その人（読者モデル）に向けて文章を書けばよいわけです．イメージが具体的だと文章はより生き生きしてくるものです．

　また，同一サイトであっても複数の読者モデルを想定したほうがよい場合があります．大きな円（Webサイトの全体的な読者モデル）の中に小さな円（特定ジャンルに特化した読者モデル）がいくつかあるイメージです．

　アクセスの中心層が20代〜40代男性のポータルサイトがあったとして，ジェネラルなコンテンツ以外は「30代営業系ビジネスマン」と「20代クリエイター」では求めている情報が異な

ってきます．さまざまな嗜好の閲覧者を満足させるには，例えば「秋葉原路地裏情報」と「クラブのDJのコラム」など，各々のターゲットに向けた小コンテンツが効果的ですが，それらを書き分ける場合もそれぞれの読者イメージを明確に持つ必要があります．

専門的な情報になるほど読者はニュートラルな一般情報だけでは納得してくれません．「濃い情報」が求められてきます．より濃い情報を提供する場合は，専門のライターに任せたほうがよいでしょう．

ネタと結論を明確に

原稿を書く前に結論を用意しておきましょう．長文であれ短文であれ，結論に向かって収束しない文章は，結局何が言いたいのか分からない原稿になってしまいます．

後述するニュースの場合は客観的な事実を優先順位の高い順に記述していけばよいのですが，商品の紹介記事では「ここが良いから勧める」という主張が必要です．それがそもそも原稿を書く動機付けになっているはずなのですから．

どこが良いのか悪いのか，勧めているのかそうではないのか……そういった曖昧な文章があるとサイト全体のイメージも曖昧になってしまいます．

「良いもの」を掲載する

メディアにおいては「良いものを載せる」が鉄則です．

評価されていない商品，評判の悪いレストランなどは，あえて語らず黙殺するのが一般的です．人気のない商品でも，良い面が理解されていないことによる過小評価の場合などは逆に十分価値ある情報になりますが，どうみてもユーザーメリットのない商品について書くのは時間の無駄遣いに他なりません．

　数年前にヒットした書籍『買ってはいけない』のように，売れている商品でも悪いものは悪いと断言する批評精神に満ちたコンテンツももちろんありですが，その手法をWebに生かすのであれば，主張するだけの高い信頼性の裏付けがなければいけません．

　批判的な記事を掲載する場合は，反論やクレームと戦えるだけの根拠と確固たる自信が不可欠です．

最初のつかみが大切

　いくら内容が良い文章でも，読んでもらえなければ何の意味もありません．特に長文の場合は，読んでもらうには，実は最初の数行が大変重要です．最初の数行が難解だったり，面白くなければ，読者はそれ以上先に進んではくれません．

「起承転結」はもともと漢詩の構成法ですが，文章もまさに起承転結が重要です．

「起」の部分，ひらたく言えば「つかみ」が大切です．最初の数行で読者の興味を喚起できれば，あとは流れのままに読んでもらえることでしょう．

　ですから肩の力を抜いて，大上段に構えず，友人と会話する

ように書き始めることが大切です．

入り口は低く優しく，を心掛けてください．

ニュースは重要なことから順に書く

多くのサイトではニュースの更新に力を入れています．一般的なニュースであれ，業界ニュースであれ，ニュースは読者の関心の高いコンテンツです．

ニュース記事をまとめる際は，5W1Hが基本です．

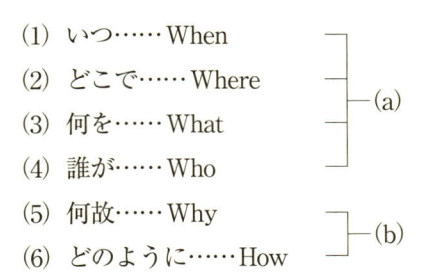

(1)　いつ……When
(2)　どこで……Where
(3)　何を……What ╮(a)
(4)　誰が……Who
(5)　何故……Why ╮(b)
(6)　どのように……How

ニュースは常に信頼性，速報性が求められます．したがって，限られたスペースの中で複数のニュースを紹介する場合は，5W1Hをいかに無駄なく表現できるかが勝負です．ニュースの中でももっとも重要なのが

(a)「いつ，どこで，何を，誰が」です．

続いて

(b)「何故，どのように」の情報が求められます．

ニュース速報などではまず (a) が伝えられ，時間の経過と

ともに（b）の情報が増えていきます．テレビや新聞は（a）の情報に重点を置き，週刊誌や月刊誌は（b）の詳細を掲載することでニュースの真相に迫っていきます．

（a）はすべて事実なのでどんなメディアが掲載しても内容はまったく同じです．ここではより早く情報をリリースすることがメディアの価値を高めます．

（b）の情報はその記事をまとめる取材者によってブレが生じてきます．特に人間が絡んだ事件の場合など，その事件の周辺の取材調査のしかたによって，あるいは取材者の捉え方によって，「何故，どのように」の表現が変わってきます．

（b）に関わるメディアの人は，極力主観を排し，周辺調査による小さな事実の積み重ねから真実を導き出さなければいけません．

推測の余地もあるため，まったく事実とは異なる（b）を書いてしまう危険性も秘めています．

データで文章の信頼性アップ

ニュース記事はもちろん，コラムやレビューといった主観的な原稿においても，データなど具体的な数字を盛り込むことが大切です．

例えばあるイベントを紹介するとき，

×「ゴールデンウィークに○○市で開催された○○イベントには毎日多くの来場者が集まった」

○「2006年5月5日〜8日の3日間，○○市で○○イベントが開催された．3日間合計で約9,000人が集まり，1日平均3,000人の来場者で会場は埋め尽くされた」

　後者のほうがより具体性が増し，情報として確度の高いものになります．
　またレストランなどの紹介記事においても，味の評価に終始せず，その料理の値段やコース全体の予算などを忘れないようにしたいところです．1,000円の料理と10,000円の料理では使う食材のグレードが異なり，同じ「美味しい」にも自ずと段階があります．そこを伝えるためにも価格の表記は重要です．
　以下は取材原稿で押さえておきたい基本データです．
・日時
・場所
・人数
・価格
・問い合わせ先（電話番号，URL）

好きなテーマでも客観的に

　個人的に好きなテーマで文章を書くときは，執筆に自ずと力が入るものです．必要以上に肩に力が入ると，結果的にあまり良い記事になりません．
　とても良い絵本を見つけて，誰かに伝えたい．そんなとき，

勧めたい気持ちが先走りして主観が過剰に盛り込まれてしまうと，読者は「ほめ過ぎていて，広告のようだ」と冷静に受け止めてしまうものです．

　無記名原稿の場合はWebサイトが主体となって発信しているものですから，個人が前に出るのは好ましくありません．どんなテーマであれ，書く素材とは一定の距離を置き，客観的に表現していく態度が大切です．「好き」や「良い」という主観はあくまで執筆者個人のものであって，それを万人が感じるとは限りません．

　ところが「初版が3日で売り切れ」「Googleの検索数が1週間で10万を超えた」「新聞の書評欄に掲載」といった事実には説得力があります．そういった良い評価を裏付ける事実をいくつか重ねることで，その文章は信頼性とともに説得力を持つことが可能になるわけです．

　もちろん，コラムや随筆のような記名原稿であれば，主観中心の原稿も可能です．記名で原稿を書ける有名人はその人自身が1つのモノサシであり，その人の評価を信用している読者も多数存在するからです．

記憶や思い込みは危険！

　ある程度文章を書き慣れてくると，ニュース記事の構成要素である5W1Hは体で覚えてしまうものです．どんなニュースでも頭の中でパパッと構成を組み立て，そのままスラスラと原稿に出来るようになります．そして毎日，毎週文章を書いてい

ると頭の中にさまざまな情報のデータベースが出来てきます．そうなってくると，たとえニュース記事でも自分のデータベースを活用した文章となり，生産性も向上します．

　一方で，落とし穴として，自分の記憶を過信してしまうことがあります．あるニュースを日々追いかけていると，そのニュースの基本情報はいやでもインプットされます．何月何日何時に何市で起こった事件かなど，関連ニュースに一部を引用する際も，記憶だけで書くことが出来ます．おそらくその方法でも間違えない場合のほうが多いとは思いますが，自分の記憶力は絶対に過信してはいけません．特にニュースの場合，日付，固有名詞を一部間違えただけで，関係者に多大な迷惑がかかりますし，サイトの信頼性も一気に失います．

「記憶で書いた文章は必ず間違える」．そう覚えてください．

　特にデータ，数字は必ず確認する習慣をつけることが大切です．

憶測で書いてはいけない

　Webサイトにおいては，とくにニュース関連記事など曖昧な文章は許されません．憶測で書いて文末に「～だろう」「～かもしれない」といった表現があると，閲覧者は不安になります．伝えたい情報は確認の上，自信を持って記述しましょう．

　ニュース記事の場合，「良いネタをどこよりも早く」が情報の生命線ですが，いくら話題性のあるネタを持っていても，それが真実かどうかを確認できなければ情報にはならないので

す．

難解な表現は知的水準が低い？

　文章の書きはじめの頃は，良い文章を書こうとする気持ちが先行して，つい難解な表現や難しい漢字を使いたくなります．ところがそういった文章は，読み手には稚拙に映ってしまうものです．難解な文章というのは，人に伝えようという意識を感じない，独り善がりな印象を読む人に与えてしまうのです．

　Webサイトに掲載する文章の難易度は大手新聞を基準にすると良いでしょう．新聞の文章は中学校程度の読解力で理解できる内容と言われていますが，一般的な情報を過不足なく伝えるには十分な表現力を持っています．

　広く人に伝える文章ほど，平易な言葉で表すことを心掛けるべきでしょう．説明するのが難しい情報を人に伝えるときには，翻訳作業を行いながら文章化していきましょう．

2

執筆時の注意点

「である調」と「ですます調」

　文章は「である調（常体文）」と「ですます調（敬体文）」に大別されます．

「私の趣味は演劇鑑賞である」
「私の趣味は演劇鑑賞です」

　「である調」は文章に迷いのない断定的な印象を与え，「ですます調」は親しみやすさを与えます．当たり前のことですが，1つの文章に「である」と「ですます」を混在させてはいけません．長文を数日かけて執筆する場合，昨日まで「である調」だったのに，その日の気分などによって，うっかり「ですます調」で書いてしまうこともあります．気をつけましょう．
　「である調」と「ですます調」，どちらを用いるかはサイトのコンセプト次第ですが，同一サイト内に「である調」と「ですます調」が混在するのもあまり良いこととはいえません．現実には「である調」で統一されたサイトというのはあまり見かけません．一般的なWebサイトにおいては「ですます調」を用い

るのがよいでしょう．

日本語（漢字）と外来語のバランス

　日本語の文章は時代とともに変わってきています．夏目漱石など明治時代の小説などを読めば，いかに日本語の文章が変化してきたかがよく分かるでしょう．「ちょうちょう」を「てふてふ」と表記していたように，今とはずいぶん文章の印象が異なります．

　昔と今の文章のもっとも大きな違いは，文章内に外来語が溶け込んできたことでしょう．英語やフランス語のカタカナ表記はもはや日本語といっても過言ではありません．

　外来語の使用にはバランスが大切で，カタカナ言葉の過剰な利用は避けるべきです．またあまり一般的でないカタカナは用いないほうがよいでしょう．

○「彼は感情をストレートに表現する」
×「彼はライアビリティーを放棄している」

句読点の上手なつけ方

　悪文の１つの典型は，読点「，」を多用して延々と一文を引き伸ばすことです．

×「夜道を迷ってしまい，しばらく歩いていると，コンビニが

見えてきたので，店員に道を聞こうと思い中に入ったところ，レジには誰もいない様子なので，雑誌を立ち読みしながら誰か来るのを待っていたら，奥からひょっこり中学生くらいの男の子が出てきて『いらっしゃいませ』と言うので，家族で食事中だったらしく，先に食べ終わった子供が店番に立たされたようだ.」

○「夜道を迷ってしまい，しばらく歩いているとコンビニが見えてきた．店員に道を聞こうと思い中に入ったところ，レジには誰もいない様子．雑誌を立ち読みして誰か来るのを待っていたら，奥からひょっこり中学生くらいの男の子が出てきて『いらっしゃいませ』と言う．家族で食事中だったらしく，先に食べ終わった子供が店番に立たされたようだ.」

このように読点「，」でつないでいくと，歯切れの悪い，リズム感のない文章になります．ワンセンテンスは30字〜40字前後で句点「．」を打つように心掛けましょう．

主語と述語の関係，つまり「○○が□□した．」が文章の基本フォーマットです．長いセンテンスになると主語と述語の関係が分かりにくくなります．一文一文，整合性の取れている文章の積み重ねによって，結果的にすっきりとした良い文章になるわけです．

漢字の同音異義語に要注意

　漢字を間違えるのはコンテンツの発信者として恥ずかしいことです．Webコンテンツ用の文章はほとんどワープロやエディタによって書かれていると思います．現在のパソコン内蔵の辞書の変換精度は高いですが，それでも誤変換をたまに見かけます．これはパソコンの日本語入力機能の問題ではなく，執筆者の勘違いによる場合が多いようです．同音異義語には十分注意しましょう．

×「感に頼る」　　　×「一同に会す」
○「勘に頼る」　　　○「一堂に会す」

段落は最大10行を目安に

　1つの段落は1つのテーマを共通項とした複数の文章の連続によって構成されます．次の段落に移るときは，行頭を1字分下げることで次の段落であることを明示し，読者に区切りをつけてもらいます．改行なしで1つの段落が延々と続くと，読者の集中力を低下させる結果となります．
　Webブラウザによる文章表示は，画面解像度の制約から1行30字程度が多いので，3行〜10行の間で1段落とするとよいでしょう．つまり90字〜300字，句点の数でいうと3〜10の文で一段落つけましょう．

人名,地名,電話番号,固有名詞を正確に

　渡辺,渡部,渡邊……．人名にはさまざまな表記があります．

　ニュースなどで人名を間違えると間違えられた当人の不快感だけではなく,誤報となります．ニュースの性質によっては名誉毀損に発展する可能性もありますので,人名・地名などの固有名詞は,くれぐれも間違えないように細心の注意を払いましょう．

　同様に電話番号の記述も十分な確認が必要です．間違えた電話番号を掲載してしまった場合,特に間違えた相手先に多大な迷惑をかけることになります．間違えた先の電話番号が法人の場合,営業妨害による損失補填を求められることもあります．筆者も担当雑誌で電話番号を間違えて,先方におわびに伺ったという苦い経験があります．

　間違いのほとんどは入力ミスが原因で,電話番号などの数字は手書きのメモなどからテキスト入力するときに間違えやすいようです．特に「5」と「6」,「7」と「1」は読み間違えやすいので,入力の際はよく見て確認しましょう．

　電話番号は「○○サイトですが,掲載する電話番号の確認のためお電話させていただきました」と実際に電話を掛けて確認するのが一般的です．

　URLの掲載に関しては,ブラウザ上で実際に表示されているURLをコピー＆ペーストすればよいので問題ないでしょう．また手で入力する際は,確認のため必ず実際にアクセスしてみま

しょう．

「ら抜き表現」と「い抜き表現」

「ら抜き表現」とは，「出れる」，「見れる」，「食べれる」といった表現を指します．それぞれ「出られる」「見られる」「食べられる」と表現したほうが日本語的にきれいです．ただし「ら」の入る表現は目上の人の行動を表現する場合（尊敬語）にも用います．「ら抜き表現」は一般に浸透しているので読む側には案外違和感はないものですが，堅めの文章を書くときは用いないほうがよいでしょう．

「い抜き表現」は，「今○○してる」「○○を使ってる」という表現で，こちらも「今○○している」「○○を使っている」と表現したほうがきれいです．

　信頼性を重視する企業の公的文章やプレスリリースなどにおいては「ら抜き表現」，「い抜き表現」に十分注意しましょう．「ら抜き表現」，「い抜き表現」とも，多用すると文章が幼い感じになります．筆者としてはそれを否定する考えではなく，若者向けの文章やあえてフランクな表現を用いたいコラムなどにおいての利用は構わないと思います．書く側が読者対象を十分意識して使い分けることがなにより大切でしょう．

接続詞は使わない

　接続詞は「しかし」「そして」「したがって」「あるいは」「および」といった，文章と文章の間に挟んで用いる言葉です．文

章を順序立てて書いていくと，接続詞を使いたくなるのですが，読む側からは接続詞は不要な場合が多いのです．

×「彼は早足で歩いていった．そして一度も振り返ることはなかった.」
○「彼は早足で歩いていった．一度も振り返ることはなかった.」

　上記のように執筆時は「そして」を挟むことで文章の勢いを持続させているのですが，接続詞はなくても文はつながり，すっきりとした流れになります．同じように，

×「彼女は急いで会社に戻った．しかしオフィスにはもう誰もいなかった.」
○「彼女は急いで会社に戻った．オフィスにはもう誰もいなかった.」

　上記の文も接続詞の「しかし」はなくても意味は通じます．接続詞は実は必要としない場合が多いのです．
　「だが」や「したがって」を多用する文章を見かけます．執筆時にそういった癖がついている人も少なくないようです．その場合はともかく自分流で最後まで書き上げてしまい，後から推敲するときに接続詞を消去していってください．接続詞を取り去ることで，各文章が独立し，文章がすっきりしてくるでしょう．

指示代名詞は使わない

指示代名詞とは「これ」「それ」「あれ」,「ここ」「そこ」「あそこ」などを指します.指示代名詞を多用すると,文章が曖昧になってきます.おそらく通常の文章においては指示代名詞を用いることはそれほどないはずですが,話し言葉ではよく使われます.

インタビュー記事で取材者の発言をテープ起こし(録音したカセットテープやICレコーダーのフィルムを聞きながら文章にしていく作業)する場合,指示代名詞が残ることがありますので,取材時の発言者の「これ」「あそこ」が何を指していたかを思い出し,そこに適切な名詞などを適用するよう心がけましょう.

×「先ほどの代官山ですが,あの店はたしか6年くらい前にオープンして,それから現在まで赤字になったことはありません.」
○「代官山のショップ『○○○』は,約6年前のオープン以来,赤字になったことはありません.」

著作権と引用

紙メディアやWebサイトに限らず,すべてのコンテンツには著作権が発生します.皆さんの制作するWebサイトが著作権に

守られていると同時に，他のWebサイトのコンテンツも著作権に守られています．

　Webをはじめとするデジタルコンテンツの場合，テキスト，画像，動画といったすべてのデータのコピーが容易なため，手元に必要な写真がない場合など，ついつい別のWebサイトからコピーしたくなる誘惑にかられます．これはもちろん著作権法に抵触する行為なので絶対に行ってはいけません．

　写真，イラスト，アニメなどのキャラクター，有名人の写真，絵画，音楽など，自社のコンテンツに必要な場合は，必ず著作権者に問い合わせ，利用許可を得る必要があります．

　文章の場合も同様ですが，文章は「引用」という形で，他人の文章を自分の文章内に収めることが可能です．

〈例〉
「アコースティックギターに関して，以下のように別の見方も存在するようです．『最初にアコースティックを必要としたのは，南部から旅立とうとするブルースマンたちでした．』（○○○○著『ギターの歴史』121ページより引用．2005年，日本○○○○社刊）」

　このように出典，初出を明記すれば問題ありません．引用する際はマナーとして，先方に一言確認の連絡をするようにしましょう．

　Webコンテンツからの引用に関しては，リンクを活用すれば

よいでしょう．

　情報の発信者としては，著作権を語る前に，他人の表現の流用はあってはならないことです．他者の気の利いた一文をあたかも自分の表現であるかのように騙るのは，表現者として恥知らずの行為であることを肝に銘じていただきたいと思います．

※以下簡単ですが，著作権法の概要を記しておきます．

　著作物には，言語，音楽，舞踊，美術，建築，地図，映画，写真，プログラムなどがあり，1号から9号に分類されている．文章は1号の「言語の著作物」にあたる．

　著作者の権利には「著作者人格権」と「著作財産権」があり，一般に「著作権」と呼ぶ場合「著作財産権」を指す．
「著作者人格権」は著作に携わった人や法人に発生する人格権で譲渡不可能．公表権，氏名表示権，同一性保持権，名誉声望侵害みなし規定などに細分化されている．

　一方の「著作財産権」は著作物を複製，翻案，公衆送信などをコントロールする財産権で譲渡可能となっている．この中に含まれる複製権は著作物のコピーを作ることを禁止できる権利．また譲渡権，貸与権は著作物のコピーを公衆に譲渡したり貸したりすることを禁止できる権利．原作を元にして二次的著作物を作成することを禁止できる二次著作物の利用権などもある．

専門用語には解説を

どんな業界にも固有の専門用語があります．自動車業界，IT業界，アパレル業界，飲食店業界，野球などのスポーツ，競馬などのギャンブル……．それぞれの世界をより深いところまで伝えようとすれば，専門用語を用いざるを得ません．専門用語のない文章はどうしても一般論に終始した表層的な内容になってしまい，その業界の現状をリアルに伝えるまでにはいたりません．一方で業界新聞などの専門メディアは専門用語の羅列で構成されているので，門外漢にはチンプンカンプンです．

専門用語を使わなければ概論の域を出ず，専門用語を用いれば業界人以外には意味不明の文章になってしまうというわけです．ただ，以下のように文章のレベルとしては3段階が考えられ，実際，多くの文章コンテンツに求められるニーズは2の入門者向けにあると思います．

1. 概要
2. 入門者向け
3. 業界向け

1の概要は会社案内などに多く，2の入門者向けは一般雑誌のレベルです．そして3は業界紙（誌）や専門書籍（雑誌）向けとなります．

Webコンテンツにおいても「概要は分かるから，興味のある

業界のことはある程度知っておきたい」,そう考える読者が一番多いのではないでしょうか.基本的には2〜3のレベルといえると思います.

バランスの良い文章は,専門用語をさりげなく解説しながら文中に挿入していきます.脚注という形で専門用語を欄外で別途解説する方法もよく見られます.以下,概要,入門者向け,業界向けそれぞれの文章例です.

1. 「パソコンの性能が良ければ,映画も楽しめる」(概要)
2. 「パソコンの処理速度が高速であれば,ビデオ映像をきれいに表示することが出来る」(入門者向け)
3. 「CPUクロックが1 GHzを超えればNTSCのフレームはまったくコマ落ちしない」(業界向け)

推敲して仕上げる

最後まで書き上げた原稿は,それで完成というわけではありません.推敲が必要です.同じ人間でも書いている状況や時間によって論旨がブレたり,表現がバラついたりするものです.

書き上げたら,最初から読み直し確認していきます.「てにをは」はもとより,意味の分かりにくいところ,補足する必要のあるところを修正していきます.各種数字などデータ部分の確認も必須です.

全体的なテーマに対して内容が一貫しているか,矛盾はない

か，説得力はあるかなども確認します．

〈推敲のポイント〉
・てにをは
・主語・述語の関係
・接続詞や指示代名詞の削除
・年月日，時間，各種データなど数字の確認
・意味的な確認と補足

3

取材, インタビューのしかた

　文章の執筆には大きく2つのアプローチがあります.

1. 資料をベースに文章をまとめる.
2. 取材（インタビューも含む．以下取材と表記）からまとめる.

　1の資料をベースに文章をまとめていく方法は，文章を書く上でのすべての基本となります．この項では取材の仕方および取材記事のまとめ方に関して整理していきましょう．

　取材記事の場合，取材がうまく行えたかどうかの時点で，文章の出来不出来が決定してしまいます．取材対象の人物からうまく話を聞き出せなかったら，そこですべてが決定してしまうわけです．取材が満足な結果に終わらなかった場合，後工程でいくらがんばってフォローしても良い文章にはなりません．

　やむなく取材時にはなかった話の内容を取材対応者の発言として加筆するときは，先方に必ず確認を取りながら進めましょう．取材者の発言以外の部分（地の文という）に関しては執筆者の主観が入ることは当然ですが，発言部分を都合のよいよう

に創作するのは，内容が好意的であれマナー違反となります．取材後に内容を補完しながらクオリティアップしていく場合は，なにより先方とのコミュニケーションが必須です．

では，具体的な取材のテクニックに関して述べていきましょう．

アンケートに終わらない

取材に向かう前には，事前に先方に企画書を送って取材許可を得るのが一般的です．企画書には，取材テーマや意義とともに，主な取材項目を記しておきます．先方は何をどういう意図で話すのか，事前の準備が必要です．

下はある女優に対する取材申し込みの一例です．

取材項目として，
・女優になるまでのきっかけ
・影響を受けた映画や俳優
・休日の過ごし方
・今好きな本
といった項目を挙げたとします．実際のインタビュー時に

Q：休日の過ごし方はどうされていますか？
A：愛犬と散歩です．
Q：そうですか，では次の質問ですが，今好きな本はなんですか？

……という流れではインタビューになっていません．これではアンケートに記入してもらった方が合理的です．

　Q：休日の過ごし方はどうされていますか？
　A：愛犬と散歩です．
と答えてもらったら，ここからが本当のインタビューが始まるのです．次の質問は取材者によって変わってきます．

　Q：犬の種類はなんですか？
　Q：お決まりの散歩コースがあるのですか？
　Q：散歩のときはどのようなファッションですか？
……とこのように広がっていき，さらにそれの答えによって，また無数の質問項目が生まれてくるわけです．

　このように取材や人物インタビューの基本は「会話」であって「アンケート」ではありません．ですから，同じ質問項目を用意しても，最初の受け答え以降は取材者によって必然的に内容が変わってくるわけです．それが取材の醍醐味であり，出来不出来が生じる理由でもあります．
　取材の心得としては，相手の話をよく聞き，思いついた疑問を質問として相手にぶつけることです．相手のことをもっと知ろうとする姿勢と，そのためには平常心で取材に望むことが大切です．
　相手を話す気にさせることも大切です．インタビュアーは聞

き上手でなければいけませんが,ただ質問するだけではなく,時に厳しい質問をはさんだり,同意だけではなく軽く反論を交えたりすることで,相手の話す気持ちを高めていくことも必要です.取材といえども人間同士,1対1の会話ですから,相手の目を見ながらのコミュニケーションが基本です.

相手が有名人や大物の場合,相手に飲まれがちで,あがってしまうこともありますが,これも慣れですので,場数を踏むことで平常心でいられるようになります.メディア人として著名な人との会話を楽しめるようになれば一人前です.

取材対象者を事前に調べる

もう1つ,取材に臨む上で大切なことがあります.相手のことを事前に調べておくことです.これは本当に重要です.

あなたが取材される側という逆の立場になって考えてみましょう.A氏という人があなたをインタビューすることになりました.ところがA氏はあなたの経歴や今までの仕事を何一つ知らない.そうするとあなたはA氏に自分の基本的なプロフィールを最初から話さなければいけません.次にあなたのプロフィールを十分理解した別の取材者B氏が来ました.あなたはプロフィールを省略してもう少し深いところから話を出来るわけです.

A氏の文章はおそらく新味のない内容になってしまうでしょう.取材する立場としてはA氏になってはいけません.最低でもB氏くらいの事前の準備は必要です.

取材対象者は自分のことを分かっている取材者には前向きに話してくれますが，何も知らない相手だと，話す意欲がなくなるものです．そうならないように事前の調査を怠らないようにしましょう．

インタビューがうまくまとまらない

相手の話がはずんで，満足のいくインタビューになったとします．用意した質問にも答えてもらえ，そこからさらに話が広がって，1時間のインタビュー時間が3時間になってしまった．

さて，テープレコーダーやICレコーダーに録ったこのインタビューを，テキストに打ち直していったら（テープ起こし），予定の文章量の5倍になってしまった．これは実はよくあることですが，その場合どこを削ればよいかが問題になります．

1. 全体を端折ってすべて収める
2. 当初の予定どおり用意した質問項目以外はカット
3. わき道にそれた話が非常に面白かったので，予定を変更してそれ以外をカット

一般的には2を選択し，状況が許せば番外編的に3を選択，ということになると思います．1のまとめ方が面白いと感じるのは取材した当人だけで，読者から見れば広く浅くで取り留めのない印象になってしまうでしょう．

インタビューを行った以上，テーマや必然性があったはずで

す．いくらわき道の話が面白かったといっても，テーマに沿っていない内容はばっさり切り捨てましょう．

第③章

Web文章のまとめ方
（エディターサイド）

ここではライターの書いた原稿を，
最終的にWebにアップするまでの編集工程をお伝えしていきます．
ライターが書き上げた原稿は，そのままでは完成とはいえません．
たとえライターが十分に推敲を行った文章だとしても，
それはまだ素材にすぎないのです．
エディターの作業工程を以下にまとめます．

原稿整理
タイトルや見出し
ビジュアル素材の用意
デザイン出し
校正

エディターの10ヵ条

①原稿はあくまで素材

②掲載責任を忘れずに

③素材を料理して商品に仕立てる

④エディターは一番目の読者

⑤意味不明点は残さない

⑥「おっ」と思わせるタイトルを

⑦文章に最適なデザインを考える

⑧校正は「商品」を送り出す仕上げの工程

⑨校正には「文字」と「意味」の両面ある

⑩ビジュアルもしっかり確認

エディターによる作業はコンテンツ仕上げの最終工程です．ここでミスをスルーしてしまうと，そのままWebに掲載されてしまいます．本文のブラッシュアップ，データの確認，校正など，エディターの仕事は地味ながら文章のクオリティアップには重要です．

1
原稿はあくまで素材

掲載責任を忘れずに

　ライターから上がってきた原稿は，そのままWebサイトにアップしてはいけません．

　一度Webサイトにアップされたコンテンツは，ライターの手を離れWebサイトに掲載責任が生じます．例えば新製品の値段を間違えて読者がなんらかの被害を被った場合，ライターもそれを書いたものとしての社会的責任は問われますが，直接的にはそれを掲載したWebサイトに具体的な対応が求められます．

　それはWebサイトに限らずどんなメディアも同様で，通常は，雑誌や書籍であれば出版社が，テレビ番組であればテレビ局が，Webであればその発信元が掲載責任を問われることになるのです．上記のようなネガティブな理由からだけでなく，情報の品質管理は発信するメディアとしての最低限の約束事だということをまず認識していただきたいと思います．

　さて，1人でWebコンテンツをまとめ上げる場合は，ディレクターとしての自分からライターとしての自分に原稿を依頼し，それをライターとしての自分が書き上げるわけです．次はエディターとしての自分がライターとしての自分が書いた原稿

を評価することになります．1人三役は大変ですが，3つの視点を持ってコンテンツを作り上げることで，より客観的な信頼性の高いコンテンツを仕上げることが可能となります．

書き上がったばかりの原稿はあくまで素材です．この素材を読者が食べやすいように，料理していくことにしましょう．

素材を料理して商品に仕立てる

料理人はメニューに応じて食材を切り，火を通し，味を調え，盛り付けます．エディターはコンテンツに応じて情報の切り口を考え，読みやすくなるよう手を入れ，写真やイラストとともにデザインします．このように，素材を商品に仕立てるという点で，料理人もエディターも行っている作業はまったく同じです．

エディターは，商品としての最後の仕上げを行う仕事なのです．

素材が悪い場合は，編集工程でなんとか商品として通用するレベルまでクオリティーアップを図ります．また素材が良い場合はそれほど手を加えずとも十分良質なコンテンツになります．料理を彩るトッピングのように，そこに気の利いたタイトルを加えることでコンテンツをさらに優れたものにするのもエディターの仕事であり，個性でもあります．

2

原稿整理

エディターは一番目の読者

　エディターは，上がってきた原稿を最初の読者として読み，原稿依頼書の内容にきちんと沿っているかを確認します．この段階で，原稿があまりに企画意図から外れていた場合，加筆修正，あるいは全面的な書き直しといった，根本的な修正を筆者に依頼することもあります．

　内容が企画意図に合っていれば，Webサイト固有の用字用語，意味的チェック，タイトルや見出し，日本語のブラッシュアップなどを行って，完成まで仕上げます．この全般的な作業を「原稿整理」と呼びます．

〈原稿整理のチェックポイント〉
1. 内容の確認
2. 意味的なチェック
3. 用字用語の統一
4. 「てにをは」など日本語のブラッシュアップ
5. 文章の流れ
6. 意味不明点は残さない

原稿依頼書と照合する

　内容の確認とは，原稿依頼書の内容に即しているか，企画意図に合っているかどうかのチェックをすることです．前述したように合っていなければ加筆修正もしくは書き直しとなります．この場合，エディターで修正可能な場合はエディターが直し，エディターでは直しきれない場合は筆者に戻すことになります．

　問題は，たとえ企画意図に沿っていても内容が面白くない場合です．どこかで読んだことがあるような原稿や，表面的な内容の原稿を受け取ってしまった場合，筆者の選定ミスが考えられます．同じ筆者に書き直しを依頼しても内容の向上をそれほど望めない場合が多いので，自分で全面的にリライトするか，予算や時間が許すのであれば別の筆者に依頼した方がよいでしょう．

意味的なチェック

　次に意味的なチェックですが，論旨の整合性は取れているか，長文の場合など前段と後段で結論が異なっていないか，などを確認します．

　ライターの原稿が100％正しいということはありません．間違った情報，勘違いしている表記など，少なくありません．特に関係者に多大な影響を及ぼしそうな情報の場合は，ライター

の情報を鵜呑みにせず，複数のソースから，その情報の信憑性を確認しておく必要があります．

用字用語の統一

　用字用語とは，サイトごとの表記の統一を指します．日本語は同一の意味に対して複数の表現を許容しています．それらをコンテンツ内で統一するには，自分たちで用字用語一覧を持つ必要があります．特に送り仮名と外来語の日本語表記に複数の表記が存在するので，それらはサイト内で統一していく必要性があります．

　以下いくつか例を挙げます．
「おこなう」は「行なう」とも「行う」とも表記し，「断わって」と「断って」，「表わす」と「表す」，「売り上げ」と「売上」など使い分けが許容されています．

　外来語のほうでは「manager」は「マネジャー」とも「マネージャ」とも書きます．
「アタッシュケース」は「アタッシェケース」と長い間表記されていました．

　IT用語では音引きを省略することが多く「プリンター」を「プリンタ」，「メモリー」を「メモリ」と表記することも多いです．また「インターフェイス」は「インタフェース」とも表記します．

　このようにどちらも正しいだけに，その使い方は各メディア次第となります．

用字用語に特にこだわりがなければ，新聞表記に準拠するのがよいでしょう．朝日新聞社の『朝日新聞の用語の手引』はさまざまなメディアでリファレンスとして愛用されています．

〈不統一になりやすい送り仮名の例〉
「行う」「行なう」
「すべて」「全て」
「～といった」「～と言った」

「てにをは」のチェック

　原稿整理において重要なのが，正しい日本語，きれいな日本語にしていく作業です．とくに商用のWebサイトは公的メディアの側面も持つため，「てにをは」のおかしい文章はそれだけでWebサイトの信頼性を損なう恐れがあります．

×「私が英語が嫌いなのは，中学校時代に授業で苦い経験をしたからです．」
○「私が英語を嫌いなのは，中学校時代の授業で苦い経験をしたからです．」

文章の流れ

　内容は悪くないのに，なかなか頭に入ってこない文章があり

ます．これは文章の流れに原因があります．段落ごとにはまとまっているのですが，段落の流れの悪い文章は，読んでいくうちに引っ掛かったり違和感が生じるものです．

「あ→い→う→え→お」と流れるべき文章が
「あ→い→え→う→お」や「あ→う→え→え→お」となっている場合，編集作業において本来の「あ→い→う→え→お」に直す必要があります．

　具体的には「段落の入れ替え」や「重複表現の削除」，「内容の補完」などが必要です．これは原稿依頼時にプロットがしっかりしていれば，それほど難しい作業ではありません．

「段落の入れ替え」は「あ→う→い」を「あ→い→う」に直すことです．「う」の段落を切り抜いて「い」の段落の後ろにペーストすればよいわけです．

「重複表現の削除」は「あ→い→い'→う」を「あ→い→う」に直すことです．「い」と「い'」どちらかの段落を選んで，良くないほうを削除します．

「内容の補完」は「あ→う→え」を「あ→い→う→え」に直すことです．「い」の段落がすっぽり抜けているため，「う」の段落が唐突な印象になってしまうので，「あ」と「う」の間に必要な情報を「い」として補完していきます．

　ワープロでテキスト編集を行う場合は，アプリケーションのプルダウンメニューにある「編集」の中の「カット（切り抜き）」「コピー（複写）」「ペースト（貼り付け）」コマンドを多用することになります．

実はこの「カット＆ペースト」こそ編集の基本なのです．編集とは不要なものを削除し，テーマに沿った必然性のある流れに組み替えることです．一昔前の映画や書籍の編集はこれらをアナログに行っていました．映画ではフィルムの不要な部分をハサミで切ってテープでつなぎ合わせることが編集でした．紙メディアでは原稿用紙に赤いペンで入れ替えや削除の指示を入れ，追加原稿を書いた原稿用紙を元の原稿用紙にセロテープで貼り付けたものです．

　まさにハサミとノリによる切って貼っての作業だったわけです．デジタル全盛の時代になって「カット＆ペースト」と呼ばれるようになっても，編集の本質はなんら変わらないのです．

意味不明点は残さない

　原稿整理の目的は文章の「無駄を省き，すっきりと」させることです．上記以外で原稿整理時に意識したいのが以下の項目です．
・意味不明箇所は必ず直す
・繰り返し表現に注意
・流行語や流行の表現を意識
・文章表現の引き出し〜語彙や表現方法を蓄えよう

　意味不明箇所があった場合「自分には分からないけれど読者は分かるだろう」と判断するのは危険です．メディアには掲載責任がありますから，担当エディターが理解していない文章を

そのままアップしてはいけません．「自分が分からないのだから読者も分からない」と考え，きちんと意味を調べて分かりやすい文章に修正しましょう．

掲載したコンテンツに関して閲覧者から質問が来たときに答えられないようだと，そのサイトの信頼はがた落ちとなります．そのようなことのないように，原稿は担当エディターが100％理解した上で掲載してください．

繰り返し表現に注意

次に繰り返し表現に関してですが，ライターの執筆時の癖など，同様の意味の内容が似たような表現で繰り返し記述されている文章をよく見かけます．読む側としてはくどく感じるので，下記のような繰り返し表現はバッサリ削除しましょう．

×「この春に発売された携帯電話の新製品は，新機能としてデジタルオーディオプレーヤーを内蔵した．この新機能のデジタルオーディオプレーヤーはMP3ファイルを再生できる機能で，携帯電話に好きな音楽を入れて，いつでも楽しむことが出来る．」

○「この春の携帯電話の新製品は，新機能にデジタルオーディオプレーヤーを内蔵した．MP3ファイルが再生可能なので，好きな音楽をいつでも楽しむことが出来る．」

流行語は使い方しだい

　流行語など流行の表現は，適切に用いると効果的です．特に後述するタイトルなどに用いると読者の関心を引く効果が期待できます．流行語はあっという間に消費されていく言葉なので，数カ月もすると逆に古臭い文章になってしまいます．

　2005年には「クールビズ」「萌え」という言葉が流行りましたが，今用いると非常にセンスのない文章に思えてしまいます．流行語は「今週の情報」といったすぐに消費されることが前提の記事に使うのはよいのですが，後々まで残る資料性の高い文章には用いてはいけません．流行語同様に流行の表現も，多用すると品のない軽い文章になりがちです．意図があって用いるとき以外は，なるべく避けたほうがよいでしょう．

単調にならない語彙を

　文章表現は単調にならないように気を配りましょう．特にアマチュアの人に依頼した原稿は，書き手のプロではないだけに内容はよくても文章が単調で魅力の乏しい感じになりがちです．そういった点もエディターがフォローすべき仕事となります．

×「このテレビは地上波だけではなく衛星放送も再生可能です．DVD録画やHDD録画も可能で，インターネットに接続して画像ファイルの再生も可能です．」

○「このテレビは地上波だけではなく衛星放送も再生できます．DVD録画やHDD録画も行え，さらにインターネットに接続して画像ファイルの再生も楽しめます．」

このように文末に「可能」という言葉が続く場合，別の言葉に置き換えることで，文章全体を滑らかに読みやすくできます．原稿整理時には語彙や表現方法にある程度幅を持たせられるよう，普段から語彙を蓄えておくとよいでしょう．

「終電に間に合うように，駅へ行った」
「終電に間に合うように，駅へ向かった」
「終電に間に合うように，駅まで急いだ」
「終電に間に合うように，駅まで走った」
「終電に間に合うように，駅へ駆け込んだ」

「MP3ファイルの再生が可能です」
「MP3ファイルの再生ができます」
「MP3ファイルが再生できます」
「MP3ファイルの再生が行えます」
「MP3ファイルが楽しめます」

3

タイトル, リード, 小見出し

　上がってきた原稿にはタイトルや見出しが入っていないのが当たり前です．あったとしてもライターが執筆時に便宜的につけた「はじめに」「新機能について」といったそっけないもので，そのままではとても読者の関心を呼べません．

　本文のさまざまなブラッシュアップとともに，タイトルや見出し付けの作業もエディターの重大な仕事です．

　前項までの本文のブラッシュアップが料理でいうところの調理部分だとすれば，タイトルや見出し付けは，料理の彩りに相当するでしょう．そして全体の盛り付けに相当するのがデザインというわけです．

「おっ」と思わせるタイトルを

　Webの世界では8秒ルールという言葉を聞きます．サイトの閲覧者はアクセスして8秒以内にそのWebサイトをブラウズできない場合，待ちきれずに次のサイトに飛んでいってしまうそうです．これは回線がナローバンドの時代によく言われたことですが，今でもコンテンツを読んでもらうには，最初のページが開かれた一瞬が勝負なわけです．そういう点で特にコンテン

ツのメインタイトルの役割は本当に重要です．

　Webページが開いたと同時に閲覧者に「おっ」と思わせることができるか？　そのためにはメインタイトルは短いフレーズで一瞬にコンテンツの魅力を伝えるものでなければいけません．

・タイトルは10字〜20字以内
・「誰が」＋「何を」が基本
・引っ掛かりのあるキーワードを含める
・スッと頭に入ってくるフレーズ

を意識してください．広告のコピーと似ていますが，コンテンツのタイトルは抽象的ではいけません．具体的に内容をイメージする必要があります．

×　新人女優の石田由紀子さんが映画『□□□□□□』の主役に抜擢
○　ゆっきー，大作映画の主役ゲット！

　このように，タイトルには情報の正確さより，人をひきつける勢いが必要です．女優名を愛称にして簡略化と親しみやすさを優先，そして映画はタイトルより規模の大きな映画であることを強調します．

　タイトルは限られたスペースの中で，いかにインパクトのある言葉を用意できるかを優先して考えましょう．

サブタイトルとリードの役割

　サブタイトルは，メインタイトルだけでは収まらない副次的な情報を伝えます．メインタイトルの文字量では文章の切り口まで表現することはできません．文字量はメインタイトルより長くできるので，その分情報も多く盛り込めます．

　メインタイトルに反応した閲覧者が「もう少し内容を知りたい」と思った段階で機能するのがサブタイトルです．「本文を読んでみるか」と読者の背中を押す役割です．メインタイトルで閲覧者の興味を引き付けたのに，サブタイトルでリリースしては何の意味もありません．

　次にリードですが，これは本文のサマリー，予告編的役割です．1画面の情報量が限られたWebページでは，リードを省略する場合もあります．またサブタイトルを省略して代わりにリードを入れることもあれば，本文の最初の段落をリードにすることもあります（本文リード）．数ページにわたるような長文コンテンツならば，リードだけ読んで情報を理解しようとする読者も少なくないので，リードは設けたほうがよいでしょう．

見出しは連続性も意識

　本文中に入る見出し（小見出し）は，意味的に区切ることの出来る数段落ごとに挿入します．数段落ごとに文章のブロックを設けることで長文でも読みやすくなるわけです．

　見出しは基本的にはメインタイトル同様，読者を引きつける

魅力的なコピーが望ましいですが，見出しを追っていくだけで内容の展開が分かるような連続性も必要です．

　見出しもコンパクトな長さが望ましい．10字×2行の20字程度に収めるのが分かりやすい見出しを作るコツです．それ以上長いと単語数が増え，情報量が増えた分，逆に一見しただけでは頭に入ってこなくなります．修飾語＋主語＋述語の組み合わせの一文で十分でしょう．

　さて，ここまでで原稿整理は終了です．原稿整理の工程がいかに重要でかつ手の抜けない作業かお分かりいただけたと思います．原稿整理を終了して，はじめて「素材」が世に問うことのできる「商品」になるのです．

　このように文章の商品化の最後の工程は，ライターではなくエディターが行わなければならない必然性があるのです．

見出し①
　段落A
　段落B
見出し②
　段落C
　段落D
　段落E
見出し③
　　⋮

4
デザインを依頼する前に

　さて原稿整理が終了したら，今度はデザインを行うための準備です．デザインは通常デザイナーが行うものですが，デザインの素材や方向性はエディターが用意しなければいけません．文章の直接的なブラッシュアップではありませんが，ビジュアル素材は文章を補完することでコンテンツの完成度を高める大切な要素ですので，エディターの作業工程として把握してください．

　最近ではWebページをPDFや紙に印刷して二次利用したり，CD-Rで配布することも少なくありません．またWebコンテンツの書籍化も増えています．そういった1ソース・マルチユースを前提に，クオリティの高いコンテンツ制作を心がけたいものです．

　しっかりしたデザインを行うために，デザインの準備には以下の素材集めが必要です．

1. 原稿
2. 写真
3. イラスト／図版／表組
4. キャプション

5. ラフレイアウト

原稿の文字量を計る

1の原稿はもう用意できていますね．原稿が全体で何文字あるかを確認してください．できれば小見出しごとのブロック単位でそれぞれが何文字か調べておけば，より正確なラフレイアウトが描けます．原稿は発注時におおよその文字量を指定していると思いますが，Webコンテンツとしてアップする際に長文の場合など何ページに渡って掲載するのかなど予め知っておいたほうがよいでしょう．

写真やイラストも用意

2の写真に関しては，取材やインタビュー記事の場合は取材と同時に撮影することが一般的なので，人物写真などは用意が出来ていると思います．取材の中で話に出てきた人やモノの写真は必要に応じて集めましょう．

写真の選定方法にもさまざまな考え方があります．露出やピントが合っていて構図の安定した写真を選ぶのが一般的ですが，人物の場合は多少ピントが甘くても，良い表情のカットを選んだほうが見栄えが良い場合があります．Webコンテンツの性格に応じて判断しましょう．ビジネスマン向けのスクエアなイメージを重視するデザインコンセプトであれば露出・ピントともにジャストのカットのほうが良いですが，若者向けのサイ

トや緩い雰囲気のサイトであれば，フィーリング重視で写真を選んでよいと思います．

また写真の入手が難しい場合や，絵の方が原稿のイメージを伝えやすい場合などは，イラストレーターにイラストを発注します．

図版や表組みが必要な場合はExcelなどで予め作成しておきましょう．

いずれにしても写真などビジュアルの良否を判断する審美眼もエディターに求められる能力です．もし流行のイラストやロゴデザインのセレクトに自信がない場合は，デザイナーと相談しながら判断していけばよいでしょう．

写真にはキャプションを

キャプションとは写真の下や横に入っている解説文です．写真は本文と関連性のあるものを掲載していきますが，それでも写真だけでは意味が分かりにくいものです．そこで写真の下か横に20字〜60字程度の短い文章を添えます．キャプションは目立たない割にはあって当たり前，ないと困るものなので，写真を選んだらキャプションも書き加えるようにしましょう．

文章に最適なデザインを考える

原稿とビジュアル素材が用意できたら，ラフレイアウトを描きます．

ラフレイアウトとはデザイナーに見せる設計図のようなもの

で，本文のどの位置にどの写真やイラストを入れるかを指示するために用います．この際，タイトルの大きさや，写真のサイズを分かるように書き込みます．複数ある写真の大小に意味がある場合，その判断はデザイナーにはできません．どの写真をトップに持ってきて，どの写真を小さく扱うかをラフレイアウトで指示するわけです．

　Webページは縦スクロールしながら縦長のページを読んでいきますが，1ページが長すぎると読む方も飽きるので，せいぜい100行程度で次のページにリンクするように構成するのがよいでしょう．

　ラフレイアウトのもう1つの役割は，デザインイメージを伝えることです．例えば「ニュース」と「アイドル歌手の食べ歩きコラム」では内容やページの役割が異なるため，自ずと求められるデザインイメージが変わってきます．ニュースであれば新聞的なデザインで，アイドルのコラムであればポップな花柄で，という具合です．そこでラフレイアウトでは，エディターとしてはどのようなイメージでページを構成したいのかをデザイナーに伝える必要があります．デザイナーはエディターのイメージを自分なりに解釈し，自分なりのデザインのボキャブラリーを駆使して実際のページデザインを施します．

5

校正は「商品」を送り出す仕上げの工程

　エディターとして文章を磨き上げる最後の工程が校正です．校正はいまさら説明する必要はないと思いますが，一言でいえば間違いを正すことのできる最後の工程です．

　校正の後はいよいよコンテンツとしてサーバーにアップすることになりますから，校正作業は真剣に行う必要があります．

　シビアな言い方をすると，誤字脱字のある文章は「欠陥商品」です．自動車や家電，食料品と違って，Webコンテンツに誤字があってもユーザーを生命の危機に晒すことはありません．しかし作り手としては誤字脱字とブレーキの利かない自動車は同等に考えるべきだと思います．

　「間違えたけど，まあいいや」．こういった発想はモノを作る人間としては失格です．一事が万事，そういった発想がすべての局面においてクリエイティビティを低下させていきます．校正も最後の仕上げ作業として気を抜かずに行ってください．

　校正は文章を読むこと，と単純に思っている人も多いと思いますが，チェックポイントは以下のように多岐にわたります．

1. 文字校正
・誤字脱字

- てにをは
- 送り仮名
- 欧文のスペル
- 用字用語
- 電話番号，URLなどデータ関係
- 固有名詞（人名・社名・地名）

2. 意味的校正
- 本文の内容
- 論旨に矛盾はないか

3. ビジュアル校正
- デザイン
- 写真やイラストのサイズ，クオリティ
- タイトルや見出し

校正には「文字」と「意味」の両面がある

　誤字脱字を正すだけが校正ではありません．意味的な間違いや内容の不備，不整合性を正すのも校正の工程が最後になります．

「JR新宿駅西口地下の中央改札口を出て，左方向に歩けば歌舞伎町方面です．」

この一文には誤字脱字はありませんが，決定的な間違いがあります．西口から歌舞伎町は右方向になります．こういった意味的な間違いは誤字脱字だけを追っていると見逃しがちです．
「文章を読んでしまうと校正にならない」と言われます．読むと文章を流れで捉えてしまうので，誤字脱字は見落としやすくなります．ただし読めば意味的な間違いなどを見つけることができます．

　したがって本文の校正は，以下の2回行うことをお勧めします．

1. 文章を読まずに，文字面を追っていく→文字校正
2. 文章をしっかり読む→意味校正

ビジュアルもしっかり確認

　校正は文章に対してだけ行えばよいというわけではありません．全体のデザインイメージ，タイトルや見出し（位置やフォント），写真・イラスト（位置やサイズ）という具合に，ページ全体の仕上がり具合を確認しなければいけません．

校正は複数人で

　Web制作の場合，ディレクター，ライター，エディターが分業化されておらず，全部1人で賄う場合もあります．その場合，校正も1人で行うしかありませんが，なるべく他のスタッフに

読んでもらうようにするなど，可能な限り複数人の目を通しておきたいものです．複数人の目を通すことで，1人では気付かなかったミスや勘違いが必ず出てくるものです．

インタビューやショップ，メーカー取材の場合は，話を聞いた先方にも校正をお願いしたほうがよいでしょう．特に先方の発言は，話し言葉から文語体にした時点でニュアンスが微妙に変化してしまうこともあります．後々のトラブルを避ける意味でも事前に確認をしてもらうべきでしょう．

そのときライターの地の文まで赤字を入れられた場合は，拒絶してもかまわないと思います．相手の発言を正確に伝える努力は行うべきですが，その発言をどう受け取るかはメディア側の問題です．

校正の流れ

Webコンテンツといえども，校正は紙に赤字を入れていったほうが確実です．そうすれば修正履歴を残すこともできます．デザインアップしてきたHTMLファイルをプリントアウトするようにしましょう．

校正の流れは以下のようになりますが，最初にデザイナーから受け取ったHTMLファイルのプリントウアウトを「初校」とします．初校の赤字を修正したファイルをプリントアウトしたものを「再校」とします．

初校（HTMLファイルをプリントアウト）

校正を行う
　　↓
再校（初校の赤字を修正したファイルを再プリントアウト）
　　初校に入れた赤字が直っているかを照合（付き合わせ）し，再度校正する
　　↓
念校（再校の赤字を修正したファイルを再プリントアウト）
　　再校に入れた赤字が直っているかを照合
　　↓
校了（校正終了）
　　サーバーにアップ

校正の実例（基本的な校正記号）

　P.89の図は校正の実例です．プリントアウトした紙に赤ペンで修正していきます．誤字などを見つけたらその文字から紙の余白まで赤線を引っ張り，正しい文字を書きます．基本的な校正記号を覚えておくとよいでしょう．

校正記号表

日本工業規格 JIS Z 8208-1965　主記号は単独で用いるものもあるが、併用記号の番号を添えたものは、その番号の記号と組み合わせて用いる。

表1　主記号およびその意味

番号	記号	意味	併用記号	使用例
1.1		文字、記号などをかえ、または取り去る。		2.1～2.5
1.2		書体または大きさなどをかえる。		2.6～2.9, 2.13～2.18
1.3		字間に文字、記号などを入れる。		2.4, 2.5
1.4		転倒した文字、記号などを正しくする。		
1.5		不良の文字、記号などをかえる。		
1.6		右付き、上付きまたは下付きにする。		
1.7		字間、行間などをあける。		2.10～2.12
1.8		字間、行間などを詰める。		2.10～2.12
1.9		つぎの行へ移す。		
1.10		前の行へ移す。		
1.11		行を新しく起こす。		
1.12		文字、行などを入れかえる。		
1.13		行をつづける。		
1.14		指定の位置まで文字、行などを移す。	(1.15と併用してもよい。)	
1.15		指定の位置まで文字・行などを移す。	(1.14と併用してもよい。)	
1.16		字並びなどを正しくする。		
1.17		(欧文)大文字にする。	(2.13と併用してもよい。)	Capital　capital
1.18		(欧文)スモールキャピタルにする。	(2.14と併用してもよい。)	small　Small
1.19		(欧文)イタリック体にする。	(2.17と併用してもよい。)	italic　nkW
1.20		(欧文)ボールド体にする。	(2.18と併用してもよい。)	bold　bold

表2　併用記号およびその意味

番号	記号	意味
2.1	トル	文字、記号などを取り去って、あとを詰める。
2.2	トルアキ	文字、記号などを取り去って、あとをあけておく。
2.3	イキ	訂正を取り消す。
2.4		句点・とう点・中点・ピリオド・コンマ・コロン・セミコロン
2.5	オモテ　ウラ	表ケイ———　裏ケイ———
2.6	ミン	みん(明)朝体 (例：書体)
2.7	ゴ	ゴシック体 (例：**書体**)
2.8	アンチ	アンチック体 (例：ふと、フト)
2.9	ポ	ポイント (例：8ポ)
2.10	□	1字ぶん(全角)のあき
2.11	倍	全角の倍数をあらわす。(例：3倍)
2.12	分	全角の分数をあらわす。(例：4分)
2.13	大 または *cap*	(欧文)大文字 (例：TYPE)
2.14	小キャップ または *s.c.*	(欧文)スモールキャピタル (例：TYPE)
2.15	小 または *l.c.*	(欧文)小文字 (例：type)
2.16	ローマン または *rom*	(欧文)ローマン体 (例：Type)
2.17	イタ または *ital*	(欧文)イタリック体 (例：*Type*, *Type*)
2.18	ボールド または *bold*	(欧文)ボールド体 (例：**Type**, **Type**)

備考　表2のなかに示していない種類の書体、ケイなどを指定する場合には、正しい名称を用いる。

●横組校正の記入例

┣横組の校正┫

混組について 横組では，1, 23, …といったアラビヤ数字やA, B, C, …, a, b, c, …といった欧字や欧文を使用されることが多い．欧文では，欧文用約物が使用され，組方も欧文のルールにしたがって組まれる．欧文ではword単位で行を替え，word間はあけ，行の長さに半端がでればword paceで調整する．横組では，和文と欧文とのルールの整合性を考えていくことになる．欧文の組方ルールをまとめたものとしては，代表的なものにオックスフォードルール[1]とシカゴルール[2]と呼ばれるものがある．

単位記号 単位記号としては，国際単位系を使用されることが多い．国際単位系は，M(長さ)，kg(質量)，S(時間)，A(電流)，k(熱力学温度)，mul(物質量)，cd(光度)の7つの基本単位と，基本単位を組み合わせて代数的に表す組立単位がある．たとえば，面積の単位はm^2(平方メートル)，速度の単位はm/s(メートル毎秒)となる．組立単位のなかには，N(=kg m/s，力)，Pa(=N/h^2，圧力)など固有の名称をもつものがある．

基本単位 組立単位は原則として小文字の立体を使用するが，固有の名称をもつものは，人命に由来するものが多く，頭にくる文字は大文字を使用している．和文中に使用されるときは，'重さ10.5kgの''加速度2.5 m^3/sの'のように，アラビア数字との間や和文との間を四分アキとしている．

数式の変形について 数式は数学的に同等なままいろいろな式に変形できる．これにより数式の長さや上下の幅を変えることもできる．

$$\frac{b+c+d}{a} = (b+c+d)/a \qquad (1)$$

$$\sqrt{x+y+z} = (x+y+z)^{1/2} \qquad (2)$$

$$\sum_{i=a+b+c}^{\infty} x_i = \sum_{i=a+b+c}^{\infty} x_i \qquad (3)$$

こうした内容にも変形に係わることであり，校正者の判断で行なうことは避け，著者とも相談して処理したい．

1) Hart's Rules For Compositors and readers at the University Press Oxford, 39 th ed., Oxford University Press (1983, reprinted 1990).

2) The Chicago Manual of Style, 14th ed., The University of Chicago Press (1993).

第 4 章
文例集

良い文章に法則はありませんが，
情報の種類によって基本的なパターンは存在します．
ここでは原稿依頼書をはじめ，
よく用いられる製品紹介記事やニュース記事の
基本パターンを紹介しておきます．
文章を書きなれていない人は，
このパターンの空欄部分を埋めていくことで，
過不足のない情報伝達に慣れていただきたいと思います．

原稿依頼書のパターン例（メール送付の場合）

　　□□□□様

　お世話になっております．

　Webサイト「□□□□」の□□（あなたの名前）です．

　今回は9月に予定している弊サイトの特集「□□□□□□□」におきまして原稿のご執筆をお願いしたくご連絡させていただきました．
　以下仕様書をご覧いただき，ご検討のほどよろしくお願い申し上げます．

原稿依頼書
　・原稿タイトル
「□□□□□□□□□□」

　・趣旨
　この記事は□□

・読者ターゲット
20代独身女性／男性
30代子育て主婦
40代ビジネスマン
など

・構成（プロット，小見出し）
1. はじめに（概論）
2. □□□□□□□□□について
3. □□□□□□について
4. □□□□□□□□□□について
5. まとめ

・文字量
30字×80行（2400字）

・文体
ですます調

・図版等の有無
原稿に合わせてイラストを用意します

・締め切り

200X年X月X日

・原稿料
5000円／400字

製品紹介における文章パターン例

［タイトル］
世界初のマルチメディア携帯，誕生！

［本文］
（株）□□□□は200X年X月X日，世界初のマルチメディア携帯電話「□□□□□」を発表した．「□□□□□」はテレビ（ワンセグ放送）とAM/FMラジオとMP3プレーヤーを搭載した画期的な携帯電話で，3つの機能を1台に搭載したタイプは世界初となる．AMラジオのパーソナリティのトークからテレビのニュース，音楽まで，ユーザーの状況や気分に合わせて，いつでもどこでも多彩なコンテンツを楽しめる万能型携帯電話といえるだろう．もちろんメールやインターネットのブラウズも可能だ．

サイズは140（高さ）×55（幅）×20（奥行き）mm，重量：約160gと，一般的な携帯電話よりは多少大き目となっている．

この1台があれば，通勤電車の中で朝のニュース番組をテレビで見ることなども可能．ビジネスマンは通勤中に株価情報など最新の情報を効率的に仕込むことができるだろう．出張先や旅行先でも，エリアを選ぶだけで簡単に主要な放送局にチューニング可能．音声はイヤホンで聴くだけでなく，ステレオスピ

ーカー内蔵の充電器につなげば，良好な音質で音楽を楽しむことができる．出張先のホテルなどで退屈することはないだろう．テレビ，ラジオの受信中でも電話がかかってきたらワンタッチで切り替えられる．

※上記の文章は以下の4つの要素で構成されています．1，2，3は必須の情報ですが，4に関してはスペース次第で省略することも可能でしょう．こういった製品紹介は，読者ターゲットによって専門用語の使い方を考えたほうがよいでしょう．マニアックなWebサイトであれば専門用語を駆使して情報量を上げていきます．一方で一般的なサイトでは，専門用語は使わずに最低限の特徴を記述していけばよいでしょう．

1. メーカー名，製品名，特徴，発売年月日，価格など
2. 機能紹介
3. スペック
4. 利用例

ニュース記事における文章パターン例

［タイトル］
　プロ野球でリリーフしようとした泥酔者逮捕

［本文］
　X月X日，東京・世田谷区の□□□□スタジアムで行われたプロ野球で，試合中にブルペンに入り込み，試合の妨害を行ったとして，世田谷署は会社員□□□□容疑者（31）を威力業務妨害の現行犯で逮捕した．
　同容疑者は「相手チームに2点リードされていたので，自分がリリーフしようと思った」などと話しているという．調べによると，同容疑者は同日夜行われた試合の7回表，一塁側客席に設けられた柵を乗り越えてブルペン内に侵入し，控え投手にボールを投げつけ投球を開始しようとしたところ，警備員に取り抑えられた．同容疑者は昨年まで同球団の二軍に在籍していたが，今期で契約を終了していた．大量に酒を飲んでいた様子で，世田谷署の署員に引き渡された．

※ニュース記事の場合は，まず次ページ1の「いつ，どこで，何を，誰が」を必ず記述します．スペースに余裕がある場合，次に2の「どのように，どうして」を書きますが，速報の場合など，原因が不明な状況も多いため，まずは1で速報，次に2

で続報と考えておけばよいでしょう．

1. いつ，どこで，何を，誰が
2. どのように，どうして

ショップ紹介における文章パターン例

［タイトル］
　浮遊感が心地よいゆったりカフェ
「アメリカーナ」

［本文］
　JR渋谷駅から徒歩5分，東急ハンズ向かいのビルの3階に，新しくカフェがオープンした．店内のインテリアは，テーブル，椅子，コーヒーカップにいたるまで著名デザイナー□□□□氏のデザインで統一されており，BGMには米ルイジアナやテキサスの最新の音楽が流れる．オーナーの○○さんは「"浮遊感"をテーマに，自分のイメージしていた空間を作ることができました．□□氏のデザインとアメリカ南部の音楽はミスマッチのようですが，実はとても相性が良いと思います．いままでにない落ち着きのあるスペースですので，ぜひ一度ご来店ください」と語る．
　○○さんはもともとミュージシャンで，80年代のシンガーのCDなどでベースのクレジットに氏の名前を見つけることは少なくない．アメリカンミュージックへの造詣も深く，最近ではCDガイドブックも出版したという．
「音楽やインテリアもそうですが，コーヒーも自慢です．薄めのアメリカンコーヒーは実はあまり好きではありません（笑）．

布ドリップで落とした深みのあるコーヒーをご賞味ください」.

　生クリームをたっぷり添えたシフォンケーキやボリューム満点のローストビーフサンドイッチなど，食事メニューも魅力的．

　つい長居をしたくなる，とっておきの空間だ．

※飲食店の紹介記事などでは以下の3つの要素ははずせません．まずアクセス．その店はどこにあってどう行けばよいのかです．本文で紹介するとともに，地図や住所，電話番号，URLなどを別表にまとめておくと分かりやすいです．次にお店のコンセプト．これはオーナーや店長に語っていただいた方がよいでしょう．そしてメニューの紹介．その店だけの特徴的な飲み物や食べ物などをしっかりまとめるとよいでしょう．

　飲食店やさまざまなショップを紹介する場合，写真は欠かせません．ショップ紹介などは写真をメインにして，文章は補足的な情報としてあまり意気込まずに書いた方がよいでしょう．

1. アクセス
2. コンセプト
3. メニュー

さいごに

Webコンテンツから発信しよう

　文章中心のWebサイトにはいろいろな種類がありますが，中でも企業系Webサイトは，その目的がプロモーションの一環にある場合が多く，商品の売り上げを支援するためのコンテンツ作りが主な役割です．したがって多くの企業系Webサイトは売り上げを意識せずに活動できるのですが，それゆえにコンテンツとしてなかなか自立できない側面を持っています．

　プロモーションは商品が売れればそれで十分という完結した世界ですが，コンテンツの作り手としてはそれだけに満足せず，自分のコンテンツを「世に問う」姿勢も忘れないでいてほしいと思います．

　Webの文章コンテンツを高めていく方法の1つは，サイトへの掲載にとどまらず，書籍・雑誌などさまざまなメディア展開までを想定してメッセージを発信していくことです．Webコンテンツの中でも文書コンテンツは課金が難しいといわれていますが，最初から「1ソース・マルチユース」を意識したコンテンツ作りを行うことで，どこかの段階であなたの作ったコンテンツが書籍などに生まれ変わり，対価が支払われることもあるのです．

例えば月1回更新のちょっとした連載コラムでもよいし，あるいは企業がスポンサーになっているスポーツの観戦記シリーズでもよいのです．それらをWebで1回こっきりで使い捨てるのではなく「マルチユース」と発想するだけで，ディレクター，ライター，エディター，それぞれの作業に将来の可能性が生まれ，文章は見違えるほど輝いてきます．

　Webはどんなメディアよりもメッセージを発信しやすいメディアです．それは，取りも直さず，コンテンツを世に問うチャンスがいくらでもあるということです．

　筆者は良い文章，良いコンテンツには対価が支払われるべきだと考えます．紙メディアの世界が頭打ちで閉塞感のある現在，Webからもっともっと新しい才能や素晴らしいコンテンツが出てくるべきだと思います．そしてWebと紙という，いわばデジタルとアナログの両極に位置付けられるメディアがコラボレーションすることで，新しいコンテンツやビジネスモデルが創出することを願っています．

　その牽引車となるべき存在が，本書の読者の皆さんであることは言うまでもないでしょう．

Web文章上達ハンドブック
良いテキストを書くための30ヵ条

2006年7月20日　第1版第1刷発行

著　者──森屋義男
発行者──日本エディタースクール出版部
　　　　　〒101-0061　東京都千代田区三崎町2-4-6
　　　　　電話 03-3263-5892　FAX 03-3263-5893

© Yoshio Moriya

組版・装丁：中山デザイン事務所
印刷・製本：平河工業社
Printed in Japan

ISBN4-88888-369-6

日本エディタースクール出版部

秋庭道博著
日本でいちばんわかりやすい文章術読本

四六判並製224頁　　　1300円

わかりやすく，いい文章を書くコツは，自分が書こうとしている文章の読み手がだれなのかを自覚し，相手にわかるように書くということ．そのための具体的な工夫や文章作成技術を，著者の編集者経験を生かしてアドバイスする．

古郡廷治著
論文・レポートの文章作成技法
論理の文章術

四六判並製224頁　　　1400円

論文やレポートの作成に必要な論理的な思考力・文章力を養うための指南書．わかりやすく正確な文章を書くために経験的な文章作成の手ほどきを排し，文と文章の構造と原則，用字と用語の原則といった基本的な項目を重視．

日本エディタースクール編
パソコンで書く原稿の基礎知識
Word2002対応

A5判並製64頁　　　500円

印刷物をつくるためにパソコンで原稿を書く際には，一般の文書作成の知識に加えて，デジタルならではの注意すべき事項がある．漢字・かな・数字・記号，見出し・引用文・箇条書き，表組・図版等の入力と保存について解説．

日本エディタースクール編
校正記号の使い方
タテ組・ヨコ組・欧文組

A5判並製40頁　　　500円

パソコンの普及で印刷文字を扱うことが日常的になり，出版や印刷の専門家以外でも校正記号を使用する機会が増えている．本書は校正記号使った訂正方法と，本や印刷物に関する知識をコンパクトに使いやすくまとめた．

日本エディタースクール編
日本語表記ルールブック

A5判並製80頁　　　500円

一般的な表記法である「現代表記」の原則と注意点についてまとめ，社会一般のルールを参照しながら，漢字・仮名，外来語，数字，句読点，括弧類の表記の基準を，場面に応じてどのように定めたらよいかの指針を示した．

＊本広告の価格には消費税は含まれておりません　　　http://www.editor.co.jp/press/